U0322470

一颗小小的糖果里有多少来自中世纪以来的秘密？

不同的可可豆带给巧克力怎样不同的口感与味觉体验？

甜品大师们在巧克力泡芙、千层派中倾注了多少心血？

那些据说只能在法国旅游地才能买到的经典甜品与糕点，可否在巴黎寻觅到它们的身影？

一起通过巴黎美食地图找寻更多的甜点美食吧！

无论是饭后甜点，还是闲暇时候的美味零食，更有圣诞节、复活节时的巧克力，巴黎女生们就

在这些甜蜜的味道中长大。

让我们与巴黎女生一起出发，漫步在全世界最美味的甜品大道上！

Petit tour des pâtisseries à Paris

巴黎·甜品果子店

—— 巴黎女生最爱的 50 家店

Editions de Paris 编

Sommaire

chapitre:1

Grandes Maisons

巴黎，百年老店的
时尚设计

百年老店，在注重传统设计与经典味道的同时，
带给巴黎美食全新感觉，令甜品爱好者趋之若鹜。
关注法国上流社会喜爱的百年老店！

LADURÉE

PARIS

PATISSIER
CONFISEUR
SALON DE THE
RESTAURANT

MAISON FONDEE
EN 1862

享受在令人向往的法式蛋糕店里挑选甜点的幸福时刻

无论是作为餐后甜品的小糕点，还是客人赠送的包装精美的马卡龙，各种精巧细致的甜点带给巴黎女生无限美好回忆。一说起挑选甜点，自然是首选那些百年老店啦！这些百年老店承载着巴黎人的回忆，更能带给全家人喜悦与幸福。

Ladurée 香榭丽舍大街旗舰店的精美橱窗

Ladurée 时尚法式蛋糕店

该店的二楼是装修典雅、设计精致的沙龙，可以在这里享受巴黎式的下午茶时光。

右图为供结婚典礼使用的传统甜品。左图是圣多诺黑香醍泡芙（作为呈献给糕点师傅及面包师傅守护者的圣多诺黑主教的糕点，故命名为 Saint-honoré）。这款传统的糕点一经 Ladurée 之手立刻呈现出贵族气质。图中为玫瑰覆盆子口味的圣多诺黑香醍泡芙。售价 5.80 欧元。

　　创建于 1862 年的百年老店 Ladurée，在 10 年前成为巴黎甜品界的翘楚，带给马卡龙全新设计。如果说位于玛德莱娜广场的老店代表了 Ladurée 的传统风尚，那么开业于 1997 年的香榭丽舍大街旗舰店则带给人新生之感。这家旗舰店的室内装修出自著名设计师杰克之手，处处洋溢着法式浪漫与优雅。无论是清晨，还是深夜，只要来到这里，您都能品尝到美食和香茗。这里已成为世界美食的圣地，始终位于时尚的顶峰。从传统的各式马卡龙、千层派到最新设计的甜品，美食爱好者穿梭在经典与时尚中。更有 Ladurée 与 Marni、Louboutin 等时尚品牌联袂举办

的各种活动，还有每季推出的限量版精美包装，让粉丝们趋之若鹜。2008 年，为庆祝香榭丽舍旗舰店开业 10 周年推出了"Ladurée 吧"。精美的玻璃容器里混合包装了各式精美甜品和传统的马卡龙，绝对是 Ladurée 的特色！

手指饼干共有 5 种口味，包装盒设计别致，印有黑猫图案。

二楼的三间房间虽风格迥异，却处处彰显法式的优雅与精致，适合享受悠闲时光。右上图为玫瑰和紫罗兰双球形包奶油蛋糕。右下图是开心果香草口味长条奶油面包。入口即化的口感，混合了鸡蛋与香草的美味，幸福之感油然而生。奶油蛋糕与长条奶油面包的售价均为 4.40 欧元。

"Ladurée 吧"限量出售 6 款由玻璃杯装特制甜品和马卡龙搭配而成的套餐，可以一尝传统老店的最新概念。每款套餐售价 22 欧元。

这款名为 bulldog 的松露巧克力。一盒装黑白各 10 块，售价 26.50 欧元。

结婚典礼和洗礼仪式中不可缺少的糖霜饼干也是其招牌产品。

A 75, avenue des Champs-Elysées 75008 Paris
T 01 40 75 08 75
O 全年无休 星期一～星期五 7:30 ～ 23:00
星期六 7:00 ～ 0:00 星期日 7:30 ～ 22:00
（Ladurée 吧 星期一～星期四 9:00 ～ 23:30 星期五 9:00 ～ 0:30
星期六 10:00 ～ 0:30 星期日 8:30 ～ 23:30）
M George V
U www.laduree.fr

Fauchon

时尚奢华的长条奶油蛋糕

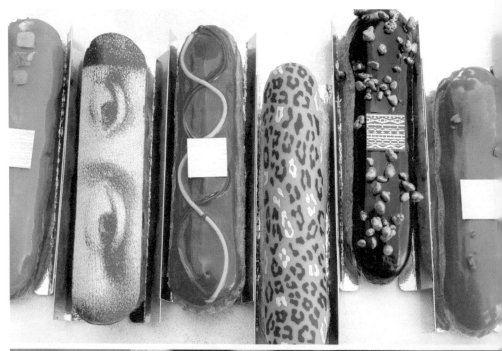

店铺柜台里摆放的是最
新设计的长条奶油面包，如
Madam Joconde、hot dog
等。下图中的蛋糕设计清新
可爱。4人份售价28欧元。

覆盆子的清新融合开心果的美味，令人陶醉。

巧克力慕斯蛋糕售价 6.50 欧元。

这款心形巧克力不同口味使用不同颜色的铁盒包装，粉红色包装的是牛奶巧克力，黑色包装的则是黑巧克力。每盒7个，各 10 欧元。

　　自 1886 年开始，玛德莱娜广场 26 号就成为 Fauchon 的发源地。几年前，这一法国顶级奢华美食品牌进入一个全新的发展时代，由年轻的克里斯托弗出任主厨。克里斯托弗以其敏锐的眼光，带给 Fauchon 全新的设计，百年老店实现华丽转身，成为巴黎时尚之一。克里斯托弗虽然师从擅长制作马卡龙的 Herme 先生，但他的主打设计却是长条奶油面包，曾先后推出 Madam Joconde、hot dog、Léopard café 等。美妙的味道、新奇的设计，令他一跃成为大师级人物。每一季 Fauchon 都会推陈出新，引人注目。如在 2009 年秋的设计中别出心裁的使用了碧姬·芭铎的照片，在圣诞节时推出了鹅肝酱奶油面包。不变的品质、多变的口味、时尚的设计，使 Fauchon 的魅力无法阻挡。

这款杏仁朗姆蛋糕宛如一杯诱人的鸡尾酒。在玻璃杯里先放入酵母蛋糕，然后注入朗姆酒糖酱，最后再插入吸管。独具匠心的设计让您忍不住想要品尝一下。每杯售价 6.50 欧元。

店铺面积不大，却能让人感受到精致与奢华。

上图的马卡龙小礼盒售价
9 欧元，里面有 6 种颜色和口
味。右图中的糖霜小蛋糕让人
想到日式点心的精致，别致的
设计体现 Fauchon 的风格。每
盒 14 个，售价 21 欧元。

周末，跟随爸爸来 Fauchon 挑
选美食的巴黎男孩，不知收获如何？

A 24-26, place de la
   Madeleine 75008 Paris
T 01 70 39 38 00
O 9：00 ~ 21：00 星期日休息
M Madeleine
U www.fauchon.com

Stohrer

"朗姆巴巴"的原创地

从早餐面包、三明治到晚餐或宴会用的各种精致美食，小小店铺里琳琅满目，令人目不暇接。

柜台里的各式甜品糕点，朴素的设计让人倍感亲切。即便是苹果派、洋梨派等家常糕点，也制作得非常精致。一到午休时间，这里的甜品糕点就会一售而光。

人气产品 Puits damour，派皮上放置的是牛奶蛋糊，外面再包裹一层焦糖酥皮。右图为"巴巴"系列。最前面的是加入葡萄干的"阿里巴巴"，左上为"朗姆巴巴"，右上为"鲜奶油巴巴"。

歌剧院大堂式的店内装修十分精美，"枝"形吊灯垂吊，灯光熠熠，这里还保留了画家 Paul Baudry（保罗·巴德里）在 1860 年制作的壁画作品。

A 51, rue Montorgueil
   75002 Paris
T 01 42 33 38 20
O 7：30 ~ 20：30 全年无休
M Etienne Marcel

被指定为历史建筑的店面、双手托着"巴巴"和萨布林的女性肖像，这些都足以让这家店铺成为关注的焦点。Stohrer 于 1730 年随当时嫁给路易十五的波兰公主一起来到巴黎。据考证，这里是甜品"朗姆巴巴"的原创地。据说，当时的厨师在波兰风味的奶油面包里添加了马拉加产葡萄酒、奶油和葡萄干，改革后的面包被波兰国王赐名为"阿里巴巴"。自创业以来，这家店始终位于 Montorgueil 商业街。三百年来，在传承经典的同时，不断推陈出新，经营各式糕点甜品兼营副食品、糖果等，颇具人气。曾经的皇家御用甜品店现已经成为巴黎人身边的百年老店。

Angélina

法国繁盛时代的优雅阳台餐厅

早上，这里供应羊角面包和奶油蛋糕。10点左右开始供应糖霜小蛋糕。下图为使用波旁地区的香草制作而成的千层派。

窗边的座位在明媚阳光的照射下令人倍感温暖，深受客人们的喜爱。餐盘上摆放的是白朗峰栗子蛋糕、加入覆盆子的马卡龙和半球形蛋糕，还有最新推出的爱尔兰咖啡威士忌千层派。

Angélina 创立于 1903 年，是一家相当有名的百年老店，据说布鲁斯特和夏奈尔女士也曾经常光顾。法国繁荣时代的室内装修更给这家老店平添了几分历史感。每天，很多人一早便来这里品尝优雅的法式早餐，静静地坐在巴黎繁华的市中心看时光慢慢流逝。该店的特色产品是口味浓厚的巧克力和白朗峰栗子蛋糕。3 年前，年仅 31 岁的 Sebastian 出任该店主厨后，推出的新作一时间引起人们的关注，在巴黎声名鹊起。例如，他设计的半球形芝士蛋糕，巧妙地控制了甜度，味道清新细腻。再如他制作的爱尔兰咖啡、威士忌千层派，使用 12 年窖藏的威士忌炮制奶油，令人拍案叫绝！

　　去年夏天，该店将露天咖啡馆开在了玛丽王后的至爱 —— 凡尔赛宫的小特里亚农。寒冷的冬天，漫步在凡尔赛宫的游客们可以坐下来品尝一杯热可可，再来一块美味的甜点。

圆形马卡龙与长条形马卡龙。除了传统的咖啡、香草、巧克力口味，还有各种口味。左图三款分别名为：Mont Blanc、Eve、Mojito。

凡尔赛宫小特里亚农的阳台，营业时间为 12:00 ~ 18:00。

A　226, rue de Rivoli
　　75001 Paris
T　01 42 60 82 00
O　9:00 ~ 19:00 全年无休
M　Tuileries

Lenôtre 星期天甜点

Fours frais, fours glacés
et tartelettes assortis

78,20 €

LENÔTRE
PARIS

　　对于中产阶级家庭来说，茶点是招待客人的必备之品。左下图是最新推出的水果奶油布丁蛋糕，6人份的售价为45欧元。右下图是制作成棒棒糖样子的冰甜点，杏仁马卡龙里面包裹着杏仁糖，让人一吃就停不下来。6个装礼盒售价14欧元。

"女士，您好！欢迎光临 Lenôtre!" 身穿白色衬衣和紫色围裙的店员亲切地招呼着客人。Lenôtre 先生于 1957 年离开故乡诺曼底，来到巴黎 16 区的 Auteuil 大街创办了这家糕点铺。该店以富足的上流社会为顾客群体，在很短的时间内就大获成功。令巴黎女生痴迷的是，她们在孩提时代就亲切称之为"星期天甜点"的各色美食。店主精心设计的欧佩拉蛋糕、装饰花边巧克力的"秋日落叶"，深受食客的欢迎。店里供应各式糖霜小蛋糕，每一件甜品均体现出巴黎式的优雅与精致，其产品最适合招待客人。因此，广为人知。不知您是否有兴趣来一尝这里的巧克力冰激淋泡芙和水果派？

蛋白酥皮上满满的鲜奶油，通体雪白的设计加上顶端新鲜的红醋栗令人眼前一亮。每个售价 3.90 欧元。

代表作品"秋日落叶"，带来的是酥皮与黑巧克力慕斯融合的奇妙口感。每个售价 5.60 欧元。

A 44, rue d'Auteuil
   75016 Paris
T 01 45 24 52 52
O 9:00 ~ 21:00 全年无休
M Michel-Ange Auteuil
   Eglise d'Auteuil
U www.lenotre.fr

在巴黎市区共有 11 家分店，出售各种餐后甜点、糕点、面包、巧克力、副食品及食材、葡萄酒等，满足了优雅的巴黎女生的餐桌需要。

Berko

美式可爱纸杯蛋糕

据说现在流行的这种颜色搭配清新、可爱的纸杯蛋糕始于美国费城。迷你款售价 2 欧元一个，普通大小的售价为 2.80 欧元一个。该店将于今年在巴黎 18 区开设第二家分店，人气指数正在急速飙升中！上图是店主正在准备奶酪蛋糕，其售价 4 欧元起。

A 23, rue Rambuteau
   75004 Paris
T 01 40 29 02 44
O 11:30 ～ 20:00 星期一休息
M Rambuteau
U www.berko.fr

对流行时尚颇为敏感的 Manon 问我是否知道最近新开的那家纸杯蛋糕沙龙。这家店的纸杯蛋糕造型可爱，有焦糖、玫瑰、Nutwlla（能多益）、Oreo（奥利奥）等 20 余种口味。为满足食客的需要，店主还体贴地将每款蛋糕制作成普通大小和迷你款两种。Manon 说，NY 风格的奶酪蛋糕也非常好吃，再搭配一份有机蔬菜汤和沙拉，饭后甜点也能吃得如此丰富。美式甜点逐渐具有了巴黎风格，在时尚的马来地区日益受到欢迎。

Manon
学生

chapitre:2

Chocolatiers

最受巴黎女生欢迎
的巧克力店

设计迥异的巧克力棒、原产地特色的巧克力板,
巧克力正和葡萄酒一样成为品味时尚的必需品。
别具风格的巧克力店轮番登上巴黎时尚界的舞台,
巴黎巧克力美食界也正在发生悄然变化。

随心所欲，尽选巴黎美味巧克力

在 Pascal Caffet 里处处可见各种巧克力礼盒。

孩提时代，每当复活节到来的时候，大家就在院子里寻找巧克力彩蛋。每一个巴黎女生对糖果的最初记忆，恐怕都是来自一颗颗美味的巧克力吧。而一说起赠送礼物，自然也是首选巧克力。漫步一家家巧克力专卖店，可以随心挑选各种特色口味的巧克力。今天选什么好呢？让我们怀着期待的激动心情一起漫步巴黎街头吧！

Pascal Caffet

最值得关注的巧克力店

这是一家连室内设计都引以为豪的店铺。这款名叫"苏黎世"（Saint Germain）的甜点使用了核桃饼干和牛奶巧克力慕斯，还有一些焦糖和朗姆酒的味道。每个售价 4.95 欧元。

在苏黎世中心又诞生了一家超级巧克力店。Pascal Caffet 是一位实力派人物，他继承了其父亲在 30 年前创办的糕点店。1989 年，年仅 27 岁的他就荣获法国 MOF（Meilleur ouvrier de France）级大师称号；1996 年，又荣获世界甜点冠军 (Champion du Mondu)。Pascal Caffet 之前在他的故乡特鲁瓦拥有三家店铺，为将巧克力美味介绍到巴黎，便于 2008 年秋转战巴黎，谁知顷刻间便成为"巴黎最佳巧克力店"。他将各种元素巧妙地运用到巧克力制作中，使用茴香、金银花、淡盐焦糖秘制的心形巧克力，还有使用牛奶、白巧克力、黑巧克力制成的巧克力板，清脆的口感，回味无穷。此外，Pascal Caffet 还专门面向巴黎男士开设了"巧克力吧"，现在已经是这家店的招牌。这位巧克力大师制作的奢华美味是不是已经让您食欲大振？快来感受一下巴黎人的幸福吧！

小丑、小熊造型的巧克力棒超级卡哇伊，很容易让人产生购买的冲动。每支售价 1.20 欧元。

这里的夹心巧克力造型多样，口味丰富，每一个都惹人怜爱。下图为香橙口味杏仁白巧克力。

这里有许多是在世界其他地方品尝不到的美味。夹心巧克力共有60种设计，店里长期供应其中的30余种。

椰蓉、西番莲、焦糖，巧克力指形泡芙如美人一般秀色可餐。上面装饰的红色果酱更是好吃得让人意想不到！

品种丰富的礼盒最适合做伴手礼或礼物。右边是三种口味巧克力混装礼盒，每一颗巧克力的上面都有核桃、杏仁、开心果、葡萄干。左边的是棉花糖礼盒。

巴黎分店的人气美食——巧克力条，无需刀叉，单手就能享受美味。每根售价3.40欧元。

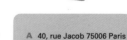

A 40, rue Jacob 75006 Paris
T 01 40 20 90 47
O 星期二～星期六 10:00～12:30 13:30～19:30 星期日 10:30～19:00 星期一休息
M St-Germain des Prés
U www.pascal-caffet.com

红色心形巧克力，白巧克力包裹着混合了格雷伯爵茶的巧克力酱。每一颗巧克力都使用礼盒单独包装，十分精美。售价2.20欧元。

François Pralus

只有熟客才知晓的店铺

橱窗里摆放的Florentin（佛罗伦萨饼干），引人
驻足。这家店与其说是巧克力店，不如说是面包房。

Pyramide des Tropiques
（热带金字塔）为十种可可产地
组合装，可可含量高达75%。请
一定要试吃比较看看。

心形牛奶巧克力
和黑巧克力，难以忘
怀的童年味道。

这家店最有名的产品——Praluline，上面撒满了
榛子和杏仁。这是一款奶油夹心Praluline，4人份，
售价12欧元。

橱窗里陈列的是撒满杏仁和橘皮的 Florentin（佛
罗伦萨饼干）、装饰粉色果仁的松软面包 Praluline
……带给人异样的感觉。一口大小的夹心巧克力、彩
色包装纸和缎带包装的巧克力板、牛奶巧克力棒和黑
巧克力棒等，都是其主打产品。这家店更重要的特色
是店主 Francois 亲自栽培可可豆，并以此为原料制
作出别具风味的巧克力。因其向 Laduree、Herme
等知名甜品店和酒店提供巧克力而拥有大量顾客。来
到这家店，所有的顾客最想品尝的当然还是使用坦桑
尼亚、哥伦比亚等地的可可豆制作而成的巧克力板
Pyramide。10 款口味一一品尝过后，您一定能找到
自己的最爱。

A 35, rue Rambuteau 75004 Paris
T 01 48 04 05 05
O 星期二~星期五 10:00 ~ 13:30、
15:00 ~ 20:00
星期六 10:00 ~ 13:30、14:30 ~
20:00
星期日 10:30 ~ 13:30、14:30 ~
19:30
星期一休息
M Rambuteau
U www.chocolats-pralus.com

Patrick Roger

艺术与灵感的完美结合

Praliné lait

这款巧克力融合了杏仁与榛子的甘香，是 Patrick Roger 的得意之作。

午休时刻，附近的 OL 们都会到这家位于巴黎 8 区圣多诺黑街的店铺寻找美味甜品。

Patrick Roger 年仅 30 岁时就被誉为"最杰出的巧克力工匠"，从无名小卒一跃成为足以代表巴黎的大师级人物。这个独特的时代使得他的设计充满天马行空般的创造力。其代表作品 Amazon（亚马逊），外表呈绿色半球形，巧妙融合了焦糖与青柠檬的味道，给人带来一种意想不到的味觉体验。2007 年，在巴黎巧克力品鉴俱乐部大赛上，他凭借一款荞麦口味的 Terroir 征服了评审专家。在这家巧克力店里，您既可以找到充满想象力与创造力的神奇之作，也能找到经典的巧克力美味。代表品牌风格的淡蓝色装修与包装设计，更加彰显了它的艺术与时尚。

这款名为 Corsica（科西嘉）的巧克力里面包裹了产自科西嘉岛的橙皮。

代表作 Amazon（亚马逊），无论外形还是味道都彰显了 Patrick Roger 的风格。9 个包装的礼盒售价 44 欧元。

A 199, rue du Faubourg St-Honoré
    75008 Paris
T 01 45 61 11 46
O 星期二～星期六 10:30～
    19:30 星期日、星期一休息
M Charles de Gaulle Etoile, Ternes
U www.patrickroger.com

这款 Douceur 融合了杏仁与开心果的味道，带来的是回味无穷的感觉。

Jean-Paul Hévin

饮茶沙龙，品尝限量版甜品

这家饮茶沙龙位于旺多姆广场（PlaceVendome）附近的名品一条街。这款心形巧克力共有三种设计，最小的一款售价 29.90 欧元。

这款名为 Croustillant 的甜品，酥脆的饼皮搭配一块颇具分量的巧克力。在这家饮茶沙龙里售价 5.60 欧元。

位于Vavin的第一分店是一家时尚的 la Motte Picquet。从厨房里总是传来阵阵诱人的香气。两家分店虽然也颇受粉丝们的追捧，但是这家位于巴黎市中心的饮茶沙龙因其在喝茶的同时就能一尝美味，故而更是让Hevin迷们趋之若鹜。在这家饮茶沙龙的菜单上共有36种甜品，美食客们可以大饱口福。当然还有饱含巧克力酱的油酥蛋糕、黑巧克力慕斯与开心果口味甜品的巧妙组合等五种只在巴黎限量发售的美食。其中，名为éclair（闪电）的指形泡芙更是只有在星期六才能品尝到的美味。此外，还有栗子蛋糕、千层派等几款甜品也是在星期五或星期六发售。因此，每一个周末都成为Hevin迷们的期盼。

这款巧克力也得到粉丝们的追捧。

A 231, rue Saint Honoré 75001 Paris
T 01 55 35 35 96
O 巧克力店 10:00 ~ 19:00
　饮茶沙龙 12:00 ~ 19:00
　（LO18:30）星期日休息
M Tuileries
U www.jphevin.com

Chocolatiers

Jacques Genin

厨房直接配送的新鲜美味

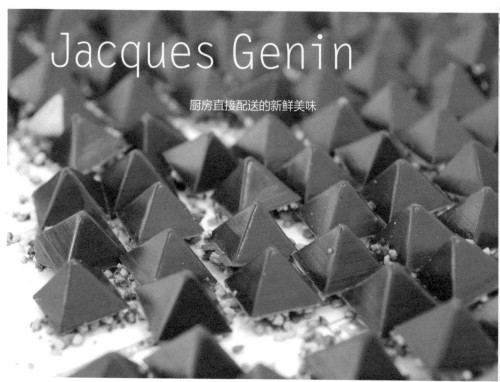

上图为最新作品"金字塔"。"请在 3 日内品尝"的温馨建议表明这是一款超级新鲜的巧克力美味，内含酥脆的杏仁。下图为千层派，夹层为核桃茸，浓厚美味。

店内装饰现代，各种小甜点与巧克力令人目不暇接。这款四方形的巧克力里面包裹了巧克力酱，更能让人细细品尝到巧克力的味美醇厚。

北马来地区聚集了众多潮人，开设于此地的沙龙因此颇有人气。

这一系列的巧克力均为小方块形，不同的味道采用不同的纹饰。

　　曾经的西餐厨师，以巧克力甜品大师为奋斗目标，转行到著名的巧克力La Maison du Chocolat 学习，最终拥有自己的Jacques Genin。自开店以来的17年间，他一直为Le Bristol、Le Meurice、Hotel Plaza-Athenee、Alain Ducasse（Ducasse 创立的米其林三星餐厅）等高级酒店、餐厅提供精美的巧克力。

　　为了让客户们品尝到最新鲜的口感与味道，这家店还专门开设了饮茶沙龙和巧克力精品店。沙龙与精品店装修现代，陈列柜上摆放了20余种夹心巧克力、招牌小甜点、棉花糖、焦糖糖果等，从二楼的厨房还阵阵传来诱人的香气。其中的夹心巧克力更是这家店招牌产品中的"头牌"。当您拿起一颗薄荷或罗勒口味的巧克力细细品尝时，那种宛如新鲜叶片带来的清爽口感更能让人体会到老板"请你10日内品尝"的温馨建议。

　　来到饮茶沙龙，客人们最想品尝的当然是直接来自厨房的千层派、核桃、杏仁、巧克力等6种口味被浓香的奶油包裹，幸福的感觉就在这份甜蜜中……

在位于二楼的厨房里，大师们正在精心制作各种巧克力和千层派。根据顾客要求，现场制作的千层派是推荐品尝的美味之一。下图为刚刚制作好的香草千层派。此外还有甜甜圈、指形巧克力泡芙、欧佩拉蛋糕、水果馅饼等各式甜点。

这是一款非常受巴黎女生喜爱的水果糖，采用极具现代感的金属盒包装，有草莓、黄香梨、哈密瓜三种口味。

这款表面看上去毫无特色的牛轧糖也是该店的杰作之一，坚果的甘香回味无穷。

新鲜出炉的夹心巧克力，室温保存下的品尝期限为10日。9个装礼盒，售价10欧元。

A 133, rue de Turenne
75003 Paris
T 01 45 77 29 01
O 星期二～星期五 11:00～19:00
星期六、星期日 11:00～20:00
星期一休息
M République
Filles du Calvaire
U www.jacquesgenin.com

Chocolatiers

Jean-Charles Rochoux

水果巧克力板

这家店的巧克力板使用可可含量高达 70% 的黑巧克力，充分激发出水果的美味，里面的水果每周都会有所变化。图片中是覆盆子和草莓巧克力板。每块售价 7.60 欧元。上图是店铺老板 Jean Charles，他说："这里的巧克力以水果的新鲜为生命，希望大家能在周末来品尝。"

Jean-Charles Rochoux 因把新鲜的水果完整地包裹在巧克力里面而备受瞩目。每个周五，老板 Jean Charles 会到市场选购樱桃、猕猴桃、桃子、无花果、荔枝等当季新鲜水果，用于制作巧克力板。一到周六，限量销售的 40～50 份巧克力仅仅一个上午就能一售而空。Pascline 称赞说："新鲜的果汁在口齿中瞬间扩散开来，黑巧克力与水果的甘甜巧妙搭配，令人回味无穷。"

Pascaline
设计师

A 16, rue d'Assas
   75006 Paris
T 01 42 84 29 45
O 星期一 14:30 ～ 19:30 星期
   二～星期六 10:30 ～ 19:30
   星期日休息
M Rennes
U www.jcrochoux.fr

chapitre:3

Pâtisseries à la mode

甜品大师的理想

每当新锐大师们发布最新作品，总能引起美食客们的关注。
那些无论口味还是外形设计均堪称一流的佳作，无疑都令巴黎女生们神往！
我们将带您一起领略对各种美味甜品孜孜以求的大师们的世界。

寻找甜品世界的"时尚明星"

在巴黎,知名甜品店的橱窗设计精美,简直可以用来做浪漫的约会背景,玻璃橱窗里摆放的各式精致甜点秀色可餐。现代设计的甜品杯、如珠宝般的小点心,还有那些不知使用了何种奇妙香辛料的令人拍案叫绝的设计。明星大厨们的创新设计总是能引起阵阵尖叫!

装修色彩华丽的 La Pâtisserie des Rêves 店内一隅

La Pâtisserie des Rêves
par Philippe Conticini

才华横溢的大师的梦想之作

货架上摆放的有布里欧修、微甜口味的花式面包和布列塔尼黄油点心等。

玻璃吊钟罩下的蛋糕，看上去就很美味诱人吧！

家常的水果派在这里也被制作成可爱的长方形。这款可供 5 人食用，售价 26 欧元。

这是一款长方形圣多诺黑香醍泡芙，可以品尝到酥脆的派皮、可爱的泡芙，还有卡仕达酱、鲜奶油和焦糖带来的不同口感。

这家店铺店面不大，采用蒙特利尔风格的绿色与橙色色调装修，营造出温暖的氛围。搁板上摆放了各种撒满糖粉的面包。这家店把精美的甜品放在旋转托盘上，再用从天花板上垂落下来的玻璃吊钟罩起。这种陈设概念，可以说，即使是在时尚的巴黎也是独一无二的。客人们可以像欣赏艺术品一样逐一细看每件甜品，身穿白色工作服的服务员会记录下客人们的需求，然后再由后厨直接制作。

店名中的 "Rêves" 是"梦想"的意思，这里也的确是一家处处洋溢着梦幻氛围的特色甜品屋。

老板 Philippe Conticini 曾在 Peltier 担任咨询顾问，作为甜品师担任 Petrossian 的西餐厅主厨，更获得米其林三星，被称为美食界的"鬼才"。设计新潮时尚的长条奶油面包、圣多诺黑香醍泡芙、使用四季新鲜水果制作的各式蛋糕……各种不断推陈出新的作品引得附近的太太们纷纷到这里来订购甜品，用于家庭晚宴。当然啦，还有年轻妈妈们带着孩子们来这里选购各种卷边苹果派。现在最热门的期待当然是大师的最新设计。

打破传统的陈列设计，甜品摆放更具艺术气质和梦幻氛围。

以女神风格的白色裙装为工作服是不是也很有特色？当顾客点好餐品后，由后厨直接制作，然后现场包装。

上图前面的是 Paris Brest（巴黎布雷斯特泡芙，又名车轮泡芙）。售价 4.80 欧元。后面的是单人份圣多诺黑香醍泡芙。

面包种类丰富多样。使用黄油制作的布里欧修酥脆可口。每个售价2.40欧元。

这款 Chausson aux pommes（卷边苹果馅饼）上撒满糖霜，很有梦幻感觉。每个售价 2.30 欧元。

A 93, rue du Bac 75007 Paris
T 01 42 84 00 82
O 星期二~星期六 10:00 ~ 20:30
   星期日 8:30 ~ 14:00 星期一休息
M Rue du Bac, Sèvres-Babylone
U www.lapatisseriedesreves.com

Carl Marletti

小巧夺目，宛如皇冠上的宝石！

这款名为 Le Censier 巧克力夹心香酥小甜点能让您充分享受杏仁糖与浓厚巧克力的美味融合。别看身量小，却售价不菲。每个需要 4 欧元。

清脆的派皮、香浓的奶油、弥漫着紫罗兰香气的 Lily Valley；洋梨果酱的油酥面包搭配上琦雷萨斯卡彭奶酪；带有焦糖硬皮的奶油泡芙，将酥脆与润滑巧妙融合；还有被法国时尚杂志 *FIGARO* 誉为"最佳甜品"的柠檬塔。无论是在甜品的创新上，还是对传统的保持上，Carl Marletti 都堪称典范。从色彩搭配到造型设计，从风味到口感，其作品均保持了法式传统的精致与优雅。

店主 Carl Marletti 曾经担任 Cafe de la Paix（和平咖啡馆）的甜品主厨，两年前创办了这家精致小店。他的设计或来源于四季变化，或来源于刹那间的灵感。每一种甜品都宛如皇冠上的宝石，耀眼夺目，让人一见钟情。餐后甜品自不必说，设计精巧的小甜点更是体现了该店的理念——美食珠宝店。

上图为黑莓开心果慕斯杯，每杯售价 4.50 欧元。下图为橱窗一隅，各式精致的小甜点整齐排列。

传统的洋梨水果塔在这里也实现了华丽变身。每个售价 4.20 欧元。

这款柠檬塔被法国时尚杂志 *FIGARO* 誉为"最佳甜品",每天销售 140 个。当然啦,长条奶油面包也是这里的人气产品之一。

紫罗兰口味的Lily Valley，
名字取自老板娘经营的花店。

老板兼厨师Carl Marletti
还向大家推荐他制作的饼
干、蛋糕、马卡龙、果酱等诸
多产品。

酥脆的千层派
里包含了香草和杏
仁糖的美味，有时
还会根据季节添加
一些红色水果，或
巧克力和西番莲。

如果您想在阳
台上品尝一杯咖啡，
老板会亲切地送您
一份马卡龙做茶点。

A　51, rue Censier 75005 Paris
T　01 43 31 68 12
O　星期二～星期六 10:00 ～ 20:00
　　星期日 10:00 ～ 13:30
　　星期一休息
M　Censier Daubenton
U　www.carlmarletti.com

Lecureuil

时尚、个性，让人倍感亲切

图片上的小姑娘正在品尝的是这家的招牌产品之一——美味棉花糖。

手工制作的棉花糖每个售价 0.50 欧元。口味多种，甚至有虞美人、黑加仑、紫罗兰等让人意想不到的口味。

橱窗里的产品琳琅满目，不仅采用梨、蓝莓等寻常水果，还使用芒果、西番莲等当季新鲜食材。

在 Lecureuil 里，您能看到很多个性鲜明的甜点作品：以被切成半个的色彩鲜艳的无花果、桃子等为主角的圆形水果派，使用整个洋梨、又嵌入树莓的长方形水果派……店主微笑着说："我还会配合季节，设计一些略微正式一点儿的甜品。"而女承父业、从小就生活在面包店的老板娘则认为，甜品是要用眼睛来欣赏的。当它入口的时候，带给人的味觉感受应该与看到的一样美好。当她决定自己开店的时候，便毅然买下了附近的甜品店，和曾经在 Faushon 和 Potel& Chabot 担任甜品师的丈夫一起精心打理全新的 Lecureuil。应老主顾们的要求，这家店每周会有5 天制作各种佐餐派，在附近的市场上销售。因其不失"家门口的糕点铺"特色，更平添了魅力。四年来，

夫妇二人夫唱妇随，齐心协力，精心制作的每一个甜品都令人倍感亲切，更引起美食家与时尚杂志的关注。

自制果酱的种类也非常丰富，有薄荷、柠檬、香蕉、巧克力等。

四方形的水果派上涂抹的
是杏仁与开心果的混合果酱，
上面再搭配不同的水果。上图
中是无花果与树莓组合，先给
无花果切上十字花刀，再嵌上
红艳的树莓，十分诱人。

这款长方形水果派
使用的是整个洋梨作装
饰，在洋梨上又嵌入了
树莓与开心果。

这款被杂志 *ELLE* 称赞为"巴黎第一"的焦糖芝士蛋糕，外表虽平淡无奇，但每一小块的售价却要 2.50 欧元。

店内主打产品是各式餐后甜点。店铺里面的柜台里摆放的是一些点心派和零食甜品等。店员身后的货架上摆放的则是饼干、果酱一类的东西，整个店看上去就像"街头的糕点铺"，让人感到非常亲切。

主厨先生正在位于店铺地下的厨房制作马卡龙。除了各式餐后甜点，该店还供应点心派、零食等。因此，一天到晚都非常忙碌。

A 96, rue de Lévis 75017 Paris
T 01 42 27 28 27
O 星 期 二 ～ 星 期 四 10:00 ～ 19:00　星期五 10:00 ～ 19:30　星期六 9:00 ～ 20:00　星期日、星期一休息
M Malesherbes, Villiers
U www.lecureuil.fr

Arnaud Larher

来自蒙马特高地的名厨

老板笑称："如果不制作甜品，就会被客人骂。"由此可见其产品有多么受欢迎，不愧是"最佳店铺"，更堪称巧克力界的"Monte Cristo""Toulouse Lautrec"。

苹果派、水果塔、长条奶油泡芙，各种传统甜点每一款均制作的细致考究，各种材料搭配巧妙，口感回味无穷，带来别样感觉。

Arnaud Larher 先生曾在 Faushon、Herme 等高级甜品店工作过。10 多年前，开始在蒙马特高地附近经营这家小店。Arnaud Larher 先生在 2007 年当选为 MOF，目前是甜品界知名大师之一。他认为橱窗就如同画家手中的调色板一样，应展现个人特色。在他的橱窗里每件甜品都设计传统，中规中矩。对甜品设计已经入迷的 Arnaud 来说，即便走在路上，脑海里想到的也是新品的设计方案。其代表作是涂抹巧克力慕斯的巧克力饼干与桑葚口味的焦糖布丁结合在一起的"Supreme"。它散发着迷人光芒的巧克力、粉色串珠装饰，带来的不仅仅是视觉上的享受，更具有融合了各种口感与味道的深邃的味觉体验。考究的设计、美妙的味道，这家小店堪称甜品高级定制专卖店。据说，最近将在老店的附近新开一家店铺，专门经营马卡龙与巧克力，欢迎大家去品鉴！

这款名为 Mosaic 的甜品，其设计灵感来自于 Arnaud Larher 先生在某杂志上的发现。在青柠与罗勒口味的慕斯上细致地嵌入多个草莓蜜饯。每个售价 4.10 欧元。

这款最新设计名为 Roussillon、杏脯和开心果口味的海绵蛋糕、意大利布丁，三个层次巧妙融合。每个售价 4.50 欧元。

主厨先生的一身打扮，正是 MOF 的标志——蓝白红三色领的白色厨师服。他手中的马卡龙也是其引以为豪的作品之一，更被选为"巴黎最佳马卡龙"，拥有众多粉丝。

A 53, rue Caulaincourt 75018 Paris
T 01 42 57 68 08
O 10：00 ～ 19：30
  星期日、星期一休息
M Lamark Caulaincourt
U www.arnaud-larher.com

Pierre Hermé

新概念店的甜品

时尚的咖啡色壁纸，如彩虹一般的灯光设计，整齐排列的各式马卡龙，令人心神向往。在这里，您还能看到如铜锣烧一样的大号马卡龙！

抹茶与黑芝麻搭配的 Imagine、开心果与覆盆子搭配的
Montebello 的等双色双口味马卡龙最受顾客的欢迎。

左边的这款名为
Rouzu coin，右边的
名为 Medelice。该店
的马卡龙每千克售价
80 欧元，可搭配购买。
在规定的品尝期限内食
用，就能享受到最佳的
味道和口感。

　　采用新食材，带来味觉新体验，时尚的设计令传
统的马卡龙一跃成为甜品界的新宠。天才甜品师给甜
品界带来革新，创作的 Imagine、Carrement 等全
新作品在全世界引起轰动，吸引了大批美食客的关注。
继圣日耳曼地区和巴斯德地区的两家甜品店之后，在
Cambon 街（康鹏街）开设一家专门出售马卡龙与
巧克力的最新概念店。不出售新鲜糕点，只出售马卡
龙、巧克力、饼干、蛋糕等能够保存一段时间的甜品，
非常适合当做礼物。如果您是马卡龙迷的话，一定不
要错过这家概念店！

店里还有种类丰富多样的巧克力，每千克售价 100 欧元。
镇店之作名为 Ispahan，推荐品尝。

A　4, rue Cambon 75001 Paris
T　01 43 54 47 77
O　星期一～星期四 10:00 ～ 19:00
　　星期五、星期六 10:00 ～ 19:30
　　星期日休息
M　Concorde, Tuileries
U　www.pierreherme.com

Pain de Sucre

现代风格的甜品设计

缤纷的橱窗设计引得大
人孩童都忍不住驻足欣赏，
每一个甜品看上去都是那么
美味，带来抵挡不住的诱惑！

5 种口味的甜品杯列队排列。这种杯状设计的甜品每 2～3 个月更新一次设计，让食客们充满期待，不知下次会有怎样的惊喜。

这款名为 Ephemere 的甜品，在雪白的奶油椰蓉下面藏着黑加仑橘皮果酱的秘密。图片前方较小的可供一人食用，售价 5.40 欧元。后面的可用作餐后甜点，供多人食用，售价 24 欧元。

这家店位于马来地区的 Rambuteau 大街，以经典的红木墙壁为橱窗背景，搭配五彩缤纷的各式甜品，引得行人纷纷驻足欣赏。这就是曾经在 Pierre Gagnaire 的西餐厅担任甜品主厨的 Didier 和 Natalie 经营的小店。首先映入眼帘的是摆满树莓和无花果的方形水果馅饼和似小雪堆一般的餐后甜点，每一个都造型可爱。还有看上去就让人感到清清凉凉的慕斯果冻甜品杯、香草砂糖包裹的小甜点、水果巧克力板……淡淡的甜味，混合一种让人意想不到的味道，细微之处也足见老板的时尚设计。快去这个能一尝巴黎时尚的好地方吧！

精心的设计与制作，让人不忍下手，彷佛是要暴殄天物。上图是草莓黑巧克力板，每块售价 6.50 欧元；下图为越橘白巧克力板，每块售价 4.50 欧元。

A 14, rue Rambuteau 75003 Paris
T 01 45 74 68 92
O 9:00 ～ 20:00 星期二、星期三休息
M Rambuteau
U www.patisseriepaindesucre.com

Chez Bogato

超级可爱！特别订制！评价一流！

店里弥漫着从厨房飘来的饼干香甜，摆放着各种糕点模具和餐桌上使用的小物件。这家店制作的甜点饼干有的像王冠，有的似宝石，还有的像项链坠，总之每一个都非常可爱。上图的花形马卡龙售价3.70欧元，超级星饼干售价4.90欧元。

Alice
学生

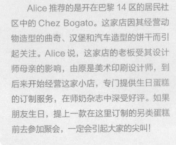

Alice 推荐的是开在巴黎 14 区的居民社区中的 Chez Bogato。这家店因其经营动物造型的曲奇、汉堡和汽车造型的饼干而引起关注。Alice 说，这家店的老板受其设计师母亲的影响，由原是美术印刷设计师，到后来开始经营这家小店，专门提供生日蛋糕的订制服务，在师奶杂志中深受好评。如果朋友生日，提上一款在这里订制的另类蛋糕前去参加聚会，一定会引起大家的尖叫！

A 7, rue Liancourt
   75014 Paris
T 09 61 05 04 00
O 10：00 ～ 19：00
   星期日、星期一休息
M Denfert Rochereau
   Mouton Duvernet
U www.chezbogato.fr

chapitre 4

Salons de thé

巴黎女生喜爱的
饮茶沙龙

在甜品店购买的各种糕点甜品虽然美味无比，
但是在饮茶沙龙一边品尝着咖啡红茶、一边细细品味糕点的美味，
又是另外一番享受。在巴黎有很多装修考究、别具风格的饮茶沙龙！

优雅风格的代表——Used
Book Café Merci

一杯茶，一份甜点，时光静静流过……

当巴黎女生想好好聊天的时候，她们会想到饮茶沙龙。街边大大小小的咖啡店比较适合人们在繁忙的行程中停下脚步，暂时休息一下。而饮茶沙龙则更适合用来打发悠长的时光，就在这一抹阳光下，一本书、一杯茶、一份甜点，享受一份属于自己的宁静。当然，饮茶沙龙提供的热花草茶，淋上奶油或沙司的手制甜点等也颇具特色。

Used Book Café Merci

巴黎女生热衷的地方

靠墙摆放的书柜里摆满了古籍旧书。很多业内人士喜欢在这里一边吃早饭、喝咖啡，一边商谈事情。上图是香橙蛋糕和乳酪蛋糕。

被誉为"绝品"的这款巧克力蛋糕有着浓郁的巧克力香气和恰到好处的甜度，受到众多美食客的追捧。多种水果口味，售价均为 4 欧元。

Merci 在 2009 年开设了这家概念店，将收益的一部分用作慈善活动。店内一角被辟为"Used Book Cafe"，将通过捐赠而得来的旧书古籍放在古董书架上，打造出一个类似阅览室的区域，一时间引起巴黎关注。自开业以来，很多巴黎时尚潮人将这里作为约会、谈话的首选地。菜单种类简单，只提供茶、咖啡、冷饮三种饮料和早餐，但因其甜品美味而受到好评。其中，被誉为"绝品"的巧克力蛋糕、香橙蛋糕和开心果蛋糕等外观平淡无奇，味道却令人赞不绝口，每天一到午餐时候就会一售而空。既时尚，又能享受美味和轻松的时刻，难怪巴黎女生们热衷于此。

这款香橙蛋糕果味十足，非常好吃。这款蛋糕还有开心果口味的。

A 111, boulevard Beaumarchais
　75003 Paris
T 01 42 77 00 33
O 10：00 ～ 19：00 星期日休息
M St-Sébastien-Froissart
U www.merci-merci.com

Thé Cool

在女孩儿专属沙龙品尝健康甜品

"枝"形吊灯、粉色桌椅，整个装修呈现少女风格。下图是名为 Starlet 的干酪蛋糕，新鲜水果装饰，带给人 Q 软的感觉。

饮茶沙龙的经典甜品——红色果酱蜜饯碎，手工制作的朴素外表也能勾人食欲。

搭配黄油和果酱的蓬松烤饼、奶油薄饼、水果蜜饯……淡淡的甜味，却能带来心满意足的感觉。

Thé Cool位于卢森堡公园（Jardin du Luxembourg）前面，阳台上摆放着白色餐桌和粉色餐椅，店内采用"枝"形吊灯、浮雕圆镜和酒红色餐椅，连盘子也是粉红色的，处处体现着少女情怀。Thé Cool于1985年诞生在帕西市（Passy）。一直以来，老板娘Michael主张严格控制糖分和脂肪的烹饪方法，坚持倡导健康理念，深受时尚的巴黎16区女生的追捧，继而专门开设了这家饮茶沙龙。店里出售不含咖啡因的茶、具有排毒养颜和瘦身效果的饮料Juicy，还有减肥菜单。虽然这些也颇具人气，但是主打产品还是各种甜点。最值得推荐的是这款名为starlet的美食，它以白干酪为基础，加上丰富的水果，采用无糖烹饪方法制作而成。对既热爱甜点，又担心不健康或发胖的女生来说，即便吃上一大块，也丝毫没有罪孽感。因此，这款甜品当仁不让地一直高居该店榜首。

一大块蛋糕的售价为8欧元，无脂肪，不含糖，尽情享受无顾虑。

A 13, rue de Médicis 75006 Paris
T 01 43 25 21 81
O 11：00 ~ 20：00 全年无休
M Luxembourg(RER)
　 Cluny-La Sorbonne
U www.thecool.fr

La Mosquée

体验巴黎风格的阿拉伯下午茶

看似柚子糖的 Loukoum（土耳其软糖），带有浓郁的蜂蜜与果仁风味的 Baklava（果仁蜜糖千层酥），都是这家店里有名的甜品。甜点单个售价 2.50 欧元，一次购买 3 个会有优惠，仅需 6.50 欧元。

马赛克与彩色玻璃营造的东方气质也是巴黎女生的大爱。

满眼都是各式东方糕点。

位于巴黎 5 区的巴黎大清真寺（Grande Mosquée de Paris）是巴黎女生在下午茶的时候喜欢去的一个地方。无论是少女，还是中年女性，各个年龄阶段的巴黎女人们都会先去植物园散步，然后来这里稍事休息，再相约去摩洛哥浴室洗个蒸气浴、做个 SPA，在甘甜温热的薄荷茶与阿拉伯甜点中享受惬意的周末午后时光。东方风格的装修，略微昏暗的氛围，很适合放松休息。当然您还可以在铺满各种花瓷砖的庭院里，一边看云雀争抢食物，一边享受 Baklava 和 Loukoum。饼皮的酥脆，蜂蜜与杏仁糕浓厚的甘甜，核桃与开心果的甘香，还有橙花的馥郁芳香，浑然一体，构成阿拉伯甜品独有的味道。在这里，您一定也会被异国风味俘获！

牛角面包与杏仁糕。这款杏仁糕虽然制作的小巧精致，但是甜度非常高。

A 39, rue Geoffroy
St-Hilaire 75005 Paris
T 01 43 31 38 20
O 10：00 ～ 24：00 全年无休
M Censier Daubenton
U www.la-mosquee.com

1728

享受周末的午后时光

奢华装修，彰显了浓厚的历史感，与 Arnaud Larher 极致考究的甜品相得益彰。

人物肖像、风景绘画、家具用品等都是老板夫妇的精挑细选，再现了伯爵宅邸往日的奢华风采。这里的幽静与低调特别适合法国上流社会人士的品位。

身穿黑色马甲的侍者端来各式甜点，供客人选择。

大大的壁炉，书架上的皮革书，墙上的肖像画，玻璃古董架上的古老陈设，古典音乐缓缓流过，慢慢啜饮着午后的一杯热茶……在巴黎市中心，唯有在这里您才能享受如此奢华的时间旅程。

餐厅取名为1728，是因为建筑本身建于1728年。这里原是投身于美国独立战争和法国革命事业的拉法耶伯爵晚年居住过的府邸。几年前由现在的老板斥巨资买下宅邸，并进行了繁复的修复与装修工程。这里只有每周六设立茶室，由担任总监的杨女士精心挑选了11种茶与8种花草茶，搭配Aranud Larher的精致小甜点。在奢华优雅中，享受极致的下午茶时光，品味上流社会。

A 8, rue d'Anjou 75008 Paris
T 01 40 17 04 77
O 只在星期六营业，需预约，营业时间为14:30 ~ 18:00
M Concorde, Madeleine
U www.restaurant-1728.com

Les Deux Abeilles

塞纳河左岸的英伦风尚

招牌柠檬水果饼和搭配
果酱的小蛋糕，都是饮茶沙
龙里常见的甜品美食。

陈列架上的糕点无论哪种款式，每一小块的售价都是 8 欧元。图片最前面的这款是 Mirabelle clafoutis（黄香李克拉芙缇）。右图是英伦风格的店内景，怀旧感玫瑰壁纸、仿古餐具，浓浓的古典优雅跃然眼前。

巴黎 7 区的 Les Deux Abeilles 因其浓厚的英伦风格而广为人知。每天一到 12 点，很多客人纷纷前来这里购买已经预订的各式轻食、甜品等。这里虽然每天会供应约 12 种蛋糕美食，但是很多产品会在顷刻间一售而空。柠檬水果馅饼、Tarte Tatin（翻转苹果塔）、添加了丰富蛋白的巧克力熔岩蛋糕、苹果与大黄的混合果碎、使用当季新鲜水果制作的克拉芙缇，这些既是饮茶沙龙的传统甜品，也是老板引以为豪的作品。自开业以来的 25 年间，以其始终坚持不变的精致味道名扬塞纳河左岸。

25 年来，这里始终坚持传统的饮茶沙龙风格，坚持始终如一的精致美味。

A 189, rue de l'Université
75007 Paris
T 01 45 55 64 04
O 9:00 ~ 19:00 星期日休息
M Pont de l'Alma(RER), Invalides

现在就想去的饮茶沙龙!

巴黎女生喜爱的手工制作的美味，只有在高级沙龙品尝到的奢华设计，
哪种是您的最爱？

充分利用历史悠久的建筑

Muscade

A 36, rue de Montpensier 75001 Paris
T 01 42 97 51 36
O 10:00 ~ 19:00（只有晚餐到 22:30）
   星期日只提供正餐　星期一休息
M Palais Royal, Musée du Louvre
U www.muscade-palais-royal.com

　　在 Palais Royal（宫殿花园）的走廊上有一家西
餐厅兼茶室。天气晴好的时候，庭院的露天茶座更是
受到游客的欢迎。奶油巧克力蛋糕、水果馅饼、玛芬
蛋糕等都是老板娘的倾情奉献。

Le Café Jacquemart-André

A 158, boulevard Haussmann 75008 Paris
T 01 45 62 11 59
O 11:45 ~ 17:30（茶室营业时间 15:00 ~ ）
   全年无休
M Miromesnil
U www.musee-jacquemart-andre.com

　　这家店曾是一对爱好收集 19 世纪艺术品的夫妇的
府邸，被改建为专门收藏 18 世纪作品的美术馆。这
一使用精致壁画和挂毯装饰的豪华空间曾是美术馆的食
堂，现在被改造为这家精致的咖啡吧。坐在这里，您
也能享受到百年老店 Stohrer 提供的美味甜品。

在星级酒店的咖啡吧
享受大师的创意之作

Dali(Hôtel Meurice)

A 228, rue de Rivoli 75001 Paris
T 01 44 58 10 44
O 7:00 ~ 23:00（下午茶时间 15:30 ~ 18:30）
   全年无休
M Concorde, Tuileries
U www.lemeurice.com

　　在巴黎著名的 Palace Hotel、Hotel Le Meurice
担任糕点师、并具有米其林三星资格的 Camille
Lesecq，现在是巴黎甜品界一颗耀眼的新星。在这里，
您能利用下午茶的时刻细细品尝他制作的美味。

Café de la Paix

A 5, place de l'Opéra 75009 Paris
T 01 40 07 36 36
O 7:00 ~ 0:30 全年无休
M Opéra
U www.cafedelapaix.fr

　　在 Grand HotelLa 的一楼，有一家颇有历史的
Brasserie&Café。这里会定期限量供应与知名时尚
设计师联袂设计制作的甜品。迄今为止，已有 Agnes b.
和 Chantal Thomass 展示过他们对甜品的设计灵感。
下一季将推出 Barbara Bui 设计的酸橙香梨巧克力
甜品。

巴黎女生钟爱的街头沙龙

L'Heure Gourmande

A 22, passage Dauphine 75006 Paris
T 01 46 34 00 44
O 11:30 ~ 19:00 全年无休
M Odéon

　　在圣日耳曼的一条小商业街上隐藏着一家茶室。
这里的奶酪蛋糕蓬松可口，水果蛋糕则颇具分量，很
是过瘾。冬天，这里的传统巧克力味道浓郁，受到追
捧。夏天，您可以坐在室外露台上一杯饮料、一份茶点，
心情愉悦。

A Priori Thé

A 35-37, galerie Vivienne 75002 Paris
T 01 42 97 48 75
O 星期一~星期五 9:00 ~ 18:00、星期六
   9:00 ~ 18:30
   星期日 12:00 ~ 18:30 全年无休
M Bourse
U www.galerie-vivienne.com/index.php?
   q=a_priori_the

　　购物街有着美丽的玻璃顶棚，这家有 30 年历史
的沙龙就位于这里，沿着购物街摆放的室外桌椅总是
坐满了客人。覆盆子乳酪蛋糕是这家店最有名的产品。

在巴黎品尝异国风味

Zen Zoo

A   13, rue Chabanais 75002 Paris
T   01 42 96 27 28
O   11：30 ～ 23：00（茶室营业时间为 14：30 ～
     19：00）
     星期日休息
M   Quatre-Septembre
U   www.zen-zoo.com

    这家台式茶室在下午茶的时候提供台湾特色点心
和甜点，吸引了众多好奇的巴黎女生。酸橙与覆盆子
口味的 Panna Cotta（意式奶酪）、绿茶口味的乳酪蛋
糕，这些台湾风味让人大呼过瘾。当然啦，更不能忘
记台湾最著名的招牌饮料——珍珠奶茶！

咖啡与美味甜品

Verlet

A   256, rue St-Honoré 75001 Paris
T   01 42 60 67 39
O   9：30 ～ 18：30 星期日休息
M   Palais-Royal Musée du Louvre
U   www.cafesverlet.com

    一推开门，浓郁的咖啡香气扑鼻而来，令人心旷
神怡。自 19 世纪以来，这家店一直出售咖啡豆，并提
供创始人的老家——阿尔萨斯地区的甜品。奥地利苹
果卷、克拉芙缇等都是咖啡的好伴侣。

Le Paradis du Fruit

改造的饮茶室

以水果为菜单主角，健康时尚，再搭配上健康饮品，即使在巴黎也是独一无二。图片上的水果巧克力火锅，可供 2 人享用，售价 17 欧元。细腻的巧克力酱、新鲜的水果，带来奢侈的味觉感受。您不妨也来体验一下由 Philippe 一手打造的这个时尚甜品店。

据 Jil 说，这家店在巴黎有很多分店，轻松时尚的家庭风格设计非常适合朋友一起谈天说地。Jil 经常来 Le Paradis du Fruit 品尝她喜爱的果汁和冰沙等。最近，Le Paradis du Fruit 在 LV 附近开设的 Gorge V 分店，其设计非常时尚。从事推广宣传（attach de press）工作的 Jil，无论对潮流信息的关注，还是一探究竟的好奇心都胜人一筹，因此怎么会错过机会？ Jil 正打算去那家"潮"店品尝一下不含脂肪的特色优酪乳饮料。

Jil
推广宣传

A 47, avenue George V
   75008 Paris
T 01 47 20 74 00
O 12：00 ～ 2：00 全年无休
M George V
U www.leparadisdufruit.fr

chapitre:5

Gâteaux régionaux

法国地方特色糕点

阿尔萨斯的樱桃、布列塔尼的苹果、地中海的橙子，
各地特色水果加上地方传统制作工艺创造出法国各地独有的糕点、甜品。
巴黎——法国的首都，这里聚集了来自全国各地的人们，
也聚集了各地特色美食。

令人怀念的家乡味道，温暖游子的心灵，慰藉游子的胃。

在旅途中不期而遇、令人难以忘怀的地方特色美味，朋友推荐的异国美食，各色饱含地方气息的糕点甜品，那令人怀念的乡土味道，温暖了游子的心，更慰藉了游子的胃。

无论是来自布列塔尼的法式黄油酥饼，还是作为北欧圣诞节时家家户户必备的节日美食——来自阿尔萨斯的姜饼，更有来自地中海沿岸的橙花香气，各地美食齐聚巴黎，令巴黎女生引以为豪。

Pâtisserie La Cigogne St Lazare 的橱窗里摆满了特色传统糕点——Kouglof（咕咕洛夫）。

Pâtisserie la Cigogne
St Lazare

FORMULE 5,50€ | FORMULE 6,90€ | FORMULE 8,50€

童话世界的德国风味

Sandwichs
...Poul...
...0€

Sandwichs
...Jambon-chèvre
4,10€

Sandwichs
Crudité-Poulet
4,00€

Sandwichs
...Fromage
4,00€

Sandwichs
Crudité-Thon
4,00€

Quiche
...
4,20€

店内摆放着咕咕鸟夫的
模具和鹳造型摆件。除面包
甜品外，该店还提供一些副
食品，很多人纷纷前来购买
中餐和饭后甜点，十分热闹。

包裹有苹果、核桃、葡萄干和肉桂的苹果卷。每个售价 25 欧元。

　　说起阿尔萨斯，令人立刻想到圣诞节的节日美食——姜饼。这种添加了蜂蜜的饼干被制作成各种造型，再搭配上砂糖，真是各有千秋。

　　位于法国东部的阿尔萨斯地区对于土生土长的巴黎女孩来说，是一个弥漫着德国美味的童话世界。塞满了果仁和苹果的苹果卷、饱含蜂蜜甘甜芬芳的姜饼，各式各样的面包与甜点带给人们北国与严冬的印象。若想在巴黎品尝阿尔萨斯美味，不妨到位于 Saint Lazarede 的这家店铺。这家店以阿尔萨斯地区的吉祥鸟——"鹳"为招牌，供应苹果卷、覆盆子果酱馅饼和阿尔萨斯有名的樱桃克拉夫缇等各种美味。更有名品中的名品——布理欧修的咕咕洛夫，里面添加了葡萄干。如果想当零食慢慢品尝的话，那么洒满杏仁片、烤得香喷喷的椒盐卷饼则是一个不错的选择。在这里，手工制作的各种糕点美食不仅让人一饱口福，更让人感到一种来自家乡的温暖。

购买咕咕洛夫时，店员
会再给撒上一层糖粉。

A　61, rue de l'Arcade
　　75008 Paris
T　01 43 87 39 16
O　11:00 ~ 19:00 星期六、星期
　　日休息
M　St-Lazare
U　www.patisserie-alsacienne.
　　com

Chemins de Bretagne

布列塔尼名产!

强烈推荐几种不同品牌的盐味黄油软糖,还有布列塔尼有名的苹果软糖。寻找您最爱的口味吧!

左图是产地直供的黄油酥饼，放在冰箱里能保存 10 余天，适合做伴手礼。食用时，只需用烤箱加热 10 分钟即可。此外，还有各种品种丰富的黄油饼干。

荞麦松饼。这是一种使用荞麦面粉制作的法式松饼，自然的味道让人欲罢不能。

A 15, rue de Prague 75012 Paris
T 01 43 07 61 32
O 10:30 ~ 14:00、15:30 ~ 19:00
   星期日、星期一休息
M Ledru-Rollin
U www.chemins-de-bretagne.com

Gâteaux régionaux

　　在法国，黄油通常都是原味的，但是在布列塔尼地区人们喜欢盐味黄油。有名的黄油软糖、黄油酥饼、奶味薄饼、磅蛋糕……无论哪种糕点，美味的黄油都是配料表中的关键。这家位于巴黎 12 区，名叫"通往布列塔尼之路的蛋糕店"，店主拉尔夫只向客人们提供由原产地直供、经过自己亲挑细选的美味。店里摆满了许多特色美食，涂抹面包的盐味黄油焦糖、荞麦松饼、添加了南特名产朗姆酒的饼干、Quiberon（基伯龙）有名的细长形糖果……在布列塔尼能够买到新鲜出炉的黄油酥饼，但是在巴黎却很难品尝到那种新鲜的美味。而由位于坎佩尔附近的杜阿讷尼市的手工业者供应的黄油酥饼堪称布列塔尼地区最好的美味。经过烤箱的再次烘烤加热，那种淡淡盐味的黄油顷刻间在口齿间融化，充满了幸福的味道。

Lemoine

各种烘焙程度的可丽露

Bébé Canelé de Bordeaux 1 €

15 BéBés 13 €

Cannelés（可丽露）是该店的主打产品，烘烤黝黑的脆壳，蓬松湿润的内馅，每一款都有大小两种尺寸。大号可丽露每个售价2欧元，迷你可丽露每个售价1欧元。

橱窗前摆放的可丽露模型，金光闪闪。包装也很传统古典。

这款来自于法国波尔多地区的传统点心外表轻巧可爱，呈吊钟形，烘烤黝黑的脆壳弥漫浓郁焦糖与朗姆酒香，蓬松湿润的内馅有着精致的蜂窝状孔洞，柔软筋道，无论是口感的层次变化还是味觉体验都堪称一绝，让人一吃就欲罢不能。这家名为 Lemoine 的店坚持制作传统的可丽露，在波尔多地区拥有 5 家店铺，3 年前又将店铺开到了巴黎。在这里，络绎不绝的老顾客们总是根据自己的口味向店员提出各种烘焙要求。硕大的橱窗前摆放着一排铜质可丽露模型，在阳光的照射下闪闪发光，店里弥漫着从后厨飘来的烘焙香气。在这家店里，还有隐藏着一种有名的糕点——巴斯克蛋糕。这是临近的巴斯克地区的名品。在这里，一下子就能品尝到两个地方的特色美味，令人心情愉悦。

另一个地方特色美食——巴斯克蛋糕，黄油口味的酥脆饼皮搭配奶油馅心，在美食云集的巴黎也是屈指可数的美味之一。

A 74, rue St-Dominique
　75007 Paris
T 01 45 51 38 14
O 8:30 ～ 11:00、12:00 ～ 20:00
　全年无休
M La Tour Maubourg
U www.lemoine-canele.com

U Spuntinu

淡淡的甜味混合地中海的香气

Canistrelli Amandes KG 15€90

来自科西嘉岛的饼干
Canistrelli因其美味的杏仁
片而大受食客们的欢迎，最
适合搭配各种茶饮。

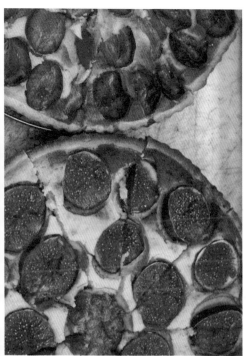

这家店专卖科西嘉特色食材与副食品，店名 U Spuntinu 取自科西嘉语中"轻食"的意思。各种口味的三明治无一例外均使用了终日饱食野生板栗的科西嘉猪制作的火腿，吸引了巴黎的科西嘉美食爱好者们。而那些朴素的甜食与糕点更令科西嘉在巴黎美食界名声大噪。占据了半个橱窗的方形糕点是科西嘉岛一种有名的饼干，口感虽然略硬，但是吃起来味道浓厚，唇齿留香。还有添加了白兰地的油炸点心和杏仁、大茴香、甘栗三种口味的 Canistrelli。洋溢着橙花香气的油炸点心 Frappe，通常在上午就会销售一空。科西嘉有名的新鲜山羊奶酪只有从每年的 10 月末到第二年的 6 月才能制作。而使用这种山羊奶酪制作的蛋糕派也是科西嘉美食爱好者的"心头好"。朴素的外表、甘甜的味道，正是"治愈系"的代表，温暖了每一个在巴黎的科西嘉游子的心。

这款糕点使用科西嘉名产 Le Brocciu（山羊奶酪）和鸡蛋烤制而成。

A 21, rue des Mathurins 75009 Paris
T 01 47 42 66 52
O 8：00 ～ 19：30 星期六、星期日休息
M Havre Caumartin, St-Lazare
U www.uspuntinu.fr

除了科西嘉岛名产，该店还供应各种玛西叶群落特产。科西嘉岛独特的气候特点孕育出了奇特的玛西叶群落，取自这种群落植物的花蜜具有一种特殊的香气。

La Boutique du Labo

特色糕点店

左上图为干果焦糖牛奶巧克力，每块售价 4 欧元。右上图上面是核桃、椰子、开心果、果仁碎、巧克力棉花糖，每个售价 1.50 欧元。下面是饼干碎和做焦糖用的杏仁。在位于巴黎 10 区的店铺还在厨房举办烘焙教室。

在马来地区的小广场附近有一家精致小店，油酥蛋糕、黄油饼干、糖渍栗子等传统特色糕点醇厚质朴，坚持沿用古法制作，采用天然材料，不使用任何添加剂和防腐剂。Laure 说：" 夏天最喜欢这家店的冰激淋，冬天最喜欢的则是巧克力棒。虽然我也很喜欢那些造型可爱、精致的糕点，但是更支持那些坚持制作朴素美味的甜品大师。"

A 4, place du Marché
　　St-Catherine 75004 Paris
T 01 42 71 35 67
O 13：00 ～ 19：30 星期一休息
M St-Paul
U www.laboutiquedulabo.com

Laure
学生

chapitre:6

Boulangeries

面包师傅引以为豪的作品

走在巴黎街头，您会发现不管店铺规模如何，
在法式长棍与乡村面包的旁边总会摆放着各式各样的甜点：
迷你泡芙、克拉芙缇、蛋白糖饼、油酥饼干，当然还有水果派。下午四点，
正是吃下午茶的时间，让我们随着美食客的脚步去踏寻令他们趋之若鹜的巴黎面包店吧！

漫步街头，寻找下午茶的小甜点

Boulangerie Bruno Solques 的墙壁装饰充分彰显了店主的个性。

"说起面包店，立刻让人想到下午四点的小甜点。"下午四点左右，正是略感饥饿的时候，但此时离晚餐还有一段时间。巴黎女生们怎会错过这个品尝小甜点的好机会。徜徉在街头，她们寻找的正是一家又一家的面包店。在那里，一定会有玛德琳、苹果派、乳酪蛋糕、带馅煎饼……总之，既有能让您一口一口细细品味的美味，也会有可以大快朵颐的享受。当然，还有令人愉悦的是，这些小甜点几乎不需要勺子、叉子，一拿到手就能即刻享受。

独特的面包店

Kouglof（咕咕洛夫）

咕咕洛夫是阿尔萨斯地区有名的甜品之一。令人略感意外的是这家店铺的咕咕洛夫很小，恰好够一个人吃。强烈推荐品尝迷你版咕咕洛夫！1.25 欧元。

甜味菠菜派

松仁与菠菜的混合馅心、丰富的糖粉，这的确是一种出乎意料的搭配。2.50 欧元。

饼皮超薄的水果馅饼

薄薄的饼皮上撒满了蓝莓、黄香李和覆盆子。许多应季水果的使用使这款水果馅饼变化无穷。2.50 欧元。

葡萄面包

这是一款有机全麦面包，里面有香橙、杏仁、榛子和葡萄干。1.70 欧元。

香橙之花

这款丹麦水果酥皮派使用了这个季节最新鲜的水果，橙花香气里融合了杏仁和糖粉的味道。1 欧元。

这家店铺的甜面包颇受人们的喜爱。其中，使用有机面粉制作的乡村面包因味道更好受好评。

推开店门，迎接我们的正是戴着眼镜、留着一头蓬蓬卷发的店主。老板为人和善，令人颇感亲切，据说他经营面包店已有22年。墙壁上的面包花束和各种动物的雕刻出自老板之手。店内摆放了许多大大的盘子，里面装了近20种形形色色的面包。从招牌葡萄面包到芒果榛子面包、无花果馅饼、橙花甜品、柠檬椰蓉面包，更有令人意想不到的甜味菠菜松仁派。老板充分发挥其丰富的想象力，创造出的甜面包表现了他对手工面包的热爱。一到下午，这家店铺的面包甜点就会一售而空。所以如果您不想错过的话，就一定要早去哦！

把甜面包装在大盘子里，展示方法的确有些独特，当然最重要的还是：真的很好吃！

A 243, rue St-Jacques
   75005 Paris
T 01 43 54 62 33
O 6：45 ～ 19：30　星期六、星
   期日休息
M Luxembourg(RER)
   Port Royal(RER)

Boulangeries

Blé Sucré

家门口的美味甜品店

苹果派
　　该店的招牌甜品，让人充分感受完整苹果的美味，入口即化。3.30 欧元。

双球包奶油蛋糕
　　将经典的巧克力冰激淋泡芙叠放在一起，组合成这款双球蛋糕，淡盐焦糖的味道深受好评。2.80 欧元。

黄油酥饼
　　这既是一款极品甜面包，也是著名的布列塔尼黄油甜点之一。1.30 欧元。

覆盆子巧克力慕斯
　　这款名为 Le Trousseau 的覆盆子巧克力慕斯与店铺所在街区同名，也是该店的传统甜品之一。3.90欧元。

无花果之花
　　这是一款应季甜品，令人爱怜的花饰Fler de figue、无花果的芬芳被紧紧包裹起来，令人充满期待。3.90欧元。

周末的清晨，来买早餐面包的小女孩。店铺里有很多甜点都深受孩子们的喜爱，如各种面包、饼干、玛德琳等。

小小店铺还带有一个室外咖啡店。这里紧邻美食遍布的阿列格集市，不远处便是 Le Square Trousseau 儿童公园。

这家面包房紧邻平民市场——阿列格集市，不时还传来在公园里游戏嬉戏的孩子们的欢声笑语，更是被巴士底地区的波波族们盛赞为"我们家门口的美味面包店"，在巴黎甜品界的人气指数正在飙升。主厨 Fabrice Le Bourdat 曾任职于布里斯托尔酒店（Le Bristol）。街头面包房带给人的轻松感觉，加上橱窗里摆放的精致美食更兼具随意与经典。这里的顾客群广泛，既有带孩子一早排队来买面包的父母，还有远道而来只为品尝招牌苹果派的美食家。无论是甜品，还是主食面包，都是美味又精致。真希望这种店铺能开在自家附近！

A 7, rue Antoine Vollon
75012 Paris
T 01 43 40 77 73
O 星期二～星期六 7：00 ～ 19：30
星期日 7：00 ～ 13：30 星期一休息
M Ledru-Rollin

L'Autre Boulange

法式面包和周末特供爱心蛋糕！

糖渍水果蛋糕
　　这款胖蛋糕里放满了各种糖渍水果，表面的杏仁片和樱桃带给人一种浓浓的怀旧感。售价 10 欧元。

周末特供蛋糕
　　这款特制成爱心造型的软蛋糕是只有在周五、周六才能品尝到的美味，共有 5 种口味。香橙口味，售价 4.90 欧元。

多姆山名产
　　八角造型朴实无华。加入许多苹果与洋梨的 Flognarde（芙纽多）是多姆山地区有名的甜点。售价 4.90 欧元。

法式乳酪蛋糕
　　巴黎最好的法式蛋糕，有很多人专程前来品尝它的美妙味道，柔软、香醇。售价 2.10 欧元。

葡式蛋挞
　　葡萄牙特色美食，酥脆的外皮包裹着肉桂口味的挞水，给人一种奇妙的感觉。售价 1.30 欧元。

迷你泡芙
　　该店传统甜品之一，小小的泡芙上撒着大粒砂糖，最适合做零食。100g 售价 2.70 欧元。

家住附近的老顾客们亲切地称呼老克劳德为"胡须爸爸"。使用传统木柴火炉烤制的有机面粉面包非常好吃，值得推荐。

墙壁上挂满了古老的版画、各种面包模型的收藏品，充满乡村气息，让人忘记此时此刻正身处繁华现代的巴黎。

在巴黎，仍然使用传统木柴火炉烤制面包的面包店"仅此一家，别无二店"。老克劳德虽然一直想退休，但怎奈该店名声在外，只好让儿子托尼子承父业。梁柱与石壁在数年的烟熏火燎中已经变得漆黑斑驳，让人根本感觉不到巴黎的时尚与繁华。在一片斑驳中，品味着怀旧的乡村风格。木柴火炉烤制的有机面粉面包、油酥面包和地方风味甜品都是该店引以为豪的特色。2009 年 3 月，这家只有两个人的父子店被时尚杂志 FIGARO 评为"巴黎最美味的面包店"，一时间声名鹊起。暄腾、柔和的口感，令人食指大动，不禁要大快朵颐一番。每到周五、周六，这家店从一早开始就会销售出大量的"周末特别爱心蛋糕"。每天一到甜点时刻，巴黎女生们都忍不住趋步前往一尝美味。

A 43, rue de Montreuil 75011 Paris
T 01 43 72 86 04
O 星期二 ~ 星期五 7:30 ～ 13:30、
15:30 ～ 19:30 星期六 7:30 ～ 13:00
星期日、星期一休息
M Faidherbe Chaligny

Boulangeries

Poilâne

让人迫不及待的苹果派

法式乳酪蛋糕
有人说："只需要尝一下法式乳酪蛋糕，就能知道一家店的味道。"该店的招牌产品，每个售价 2.10 欧元。

苹果派
面包店的传统甜点，新鲜的派皮包裹着甜美的苹果泥。每个售价 1.65 欧元。

Punition（惩罚）小饼干
这款名为"惩罚"的小饼干，烤制成各种颜色：白色、淡黄色、微焦色，朴素的美味获得顾客们的大爱。300g 售价 7.20 欧元。

苹果派
被面包爱好者们誉为"绝品"的苹果派，酥脆的派皮包裹的是低糖馅心。每个售价 2.30 欧元。

小勺形状法式饼干
制作成小勺形状的Punition（惩罚）饼干，放在咖啡杯或红茶杯旁，别有情趣。14 个装，售价 6.20 欧元。

盛装饼干或 Le pain Poilane（普瓦兰面包）的包装袋，设计可爱。

店里摆放着硕大的普瓦兰面包。店员身穿白色大褂，坐在木头椅子上的老奶奶收银时还沿用手工计算的方法，一切都是那么怀旧。

自 1932 年创业以来，位于巴黎圣日耳曼德佩区 8 号的 Poilâne 老店，每天除了忠实的本地顾客外，还常常涌来世界各地的面包爱好者。虽然传统黑面包是这家店的招牌，但巴黎美食客们更喜欢的却是各种小甜点。下午 4 点左右，略感饥肠辘辘，于是，此时巴黎女孩们便纷纷外出寻求美味。不时有年轻女孩一边大口品尝着绝品苹果派，一边踏步走在午后的巴黎街头。

A　8, rue du Cherche-Midi
75006 Paris
T　01 45 48 42 59
O
M　7:15 ～ 20:15 星期日休息
U　Sèvres-Babylone, St-Sulpice
　　www.poilane.fr

Boulangerie Malineau

造型可爱的饼干

覆盆子饼干
雪白的糖粉、鲜红的爱心，少女之心油然浮现。每块售价 2.20 欧元。

三色费南雪蛋糕
巧克力、香草、开心果的混搭，一口下去就能品尝到美味三重奏。每块售价 2.20 欧元。

蛋白糖饼
在日本很少见到这种使用蛋白制作的甜点，无论是黄色与粉色的色彩搭配，还是口感，都很柔和。每块售价 2 欧元。

旋涡饼干
香草覆盆子口味旋涡状饼干。每块售价 2.20 欧元。

格子饼干
混合了巧克力、香草、开心果的格子饼干也是该店的人气产品。每块售价 2.20 欧元。

橱窗里摆放着各种饼干，可以单个购买。很多顾客都是边走边品尝，对美味真是迫不及待。

店铺还供应费南雪和烤饼，宛如一座甜点零食的宝库。在马来地区拥有两家店铺，在巴黎 16 区还有一家门店。

亮蓝色的店面装修，各式各样、大大小小的饼干，马芬蛋糕，玛德琳，糖饼整齐地摆放在橱窗里，看上去就令人垂涎三尺。融合了巧克力、香草、开心果和覆盆子的大号格子饼干、旋涡饼干是店铺的招牌产品。这家马来地区的代表甜品店每天都聚集了许多附近的年轻女孩。

A 18, rue Vieille du Temple
75004 Paris

T 01 42 76 94 54

O 星期一、星期三一星期五 7:30 ～ 21:00
星期六、星期日 8:00 ～ 22:00
星期二休息

M Hôtel de Ville, St-Paul

Kot

赫赫有名的时尚聚会地

在圣日耳曼地区和巴黎 8 区的蒙梭公园附近，有两处时尚概念店。身处这一优雅的环境中，店主还能给您提供许多很好的减肥建议。除了巧克力棒、巧克力饼干和迷你蛋糕，还有巧克力饮料和冷冻奶味薄饼，这是一种令人惊讶的组合。

Kot 倡导"女性减肥革命"，开发出能在药店销售的适合减肥的系列零食。从巧克力、饼干、面包到饮料、冰激淋，每种零食和饮品都充分考虑热量与美味的均衡搭配，深受女性的喜爱与好评。设计师 Emilie 说，自己从女性时尚杂志上看到关于 Kot 的报道后，跑到药店买了一些 Kot 的产品，回去一品尝，真的是很美味。对于正在苦于减肥或非常在意自己身材的女性来说，既能减肥又能品尝美味甜品真是天大的喜讯！

Emilie
设计师

A　67, boulevard de
　　Courcelles
　　75008 Paris
T　01 56 33 15 10
O　10:00 ~ 19:30 星期日休息
M　Courcelles
U　www.kot.fr

chapitre:7

Petits délices

街头糖果店伴随了每一个巴黎人的成长。
一说起糖果，大家马上想到的还是那些已有百年历史的老店，
想起那些传统的糖果。一颗颗装在精致盒子里的小糖果、小甜点，
不仅适合买来做伴手礼，更带给人一份旅途的记忆。

FISEURS ARTiSANA

心情低落的时候，最想吃的还是从小就喜爱的
小糖块、夹心糖。无论是棒棒糖、水果软糖等普通
糖果，还是大师精心制作的高级糖果，都会让巴黎
女生心花怒放。糖果，一直以来就是西式甜品中的
精品。装在精致糖罐里的一颗颗小糖果，更是每个
女生最想放在家中的"维他命小胶囊"。

糖果店总是带给人开心与力量

Le Bonbon au Palais 的店铺设计如同童话里的学校一样。

Le Bonbon au Palais

糖果店变身学校课堂！

玻璃罐盛装的各种糖果、精心的色彩搭配，每一件都有如艺术品一样。50 年代学校风格的室内设计，是不是让大家想起法国经典漫画 *Le Petit Nicolas* 中淘气包小尼古拉斯的世界？

糖渍辣椒
　　来自 Guadeloupe（法属瓜德罗普岛）的珍贵红辣椒经糖渍后制作成美食。100g售价 6.50 欧元。

糖霜花瓣
　　这是法国Haute-Garonne（上加龙省）地区的名产，用细砂糖腌渍新鲜玫瑰花瓣，再自然结晶。此外，还有糖霜紫罗兰。100g售价15欧元。

浆果果酱
　　在 Auvergne（奥弗里）地区已经拥有 150 余年历史的糖果，将黑莓等果蔬做成果酱果冻，再制作成这种略微不规则的形状，非常可爱。100g售价 4.50 欧元。

糖衣杏仁
　　诞生于 13 世纪的 Verdu（凡尔登），美味的糖衣包裹着酥脆的杏仁。创立于 1783 年的著名糖果公司 Braquier 制作的糖衣杏仁受到包括拿破仑、英国国王等欧洲皇室的喜爱。100g售价 4.50 欧元。

　　店铺中央摆放了一张硕大的玻璃桌，桌上满是装着夹心糖、果汁软糖的玻璃罐。这些精致的糖果都是老板从法国各地搜罗来极具特色的高级手工制作糖果。正因为是纯手工制作，因而显得更加奢侈珍贵。只买上一小点儿，细细品尝，就能体会到难得的美味。如果您仔细观察，会发现在玻璃桌的下面还隐藏着一张白色书桌和一个长条凳，墙壁上则是一面黑板和一张法国地图。50 年代学校课堂的模样立刻展现在我们面前，令人不禁想起自己美好的童年时光。一颗童心，从未消失。

Cotignac
　　这款名为 Cotignac 的果酱，使用木瓜、红酒、砂糖炮制而成，拥有悠久的历史。自 16 世纪以来就是 Orleans（奥尔良，法国中部城市，卢瓦雷省省会）的名产。1 小盒售价 3.90 欧元。

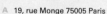

A　19, rue Monge 75005 Paris
T　01 78 56 15 72
O　星期一 13：00 ～ 20：00
　　星期二～星期六 10：30 ～ 19：30
　　星期日休息
M　Maubert Mutualité
　　Cardinal Lemoine
U　www.bonbonsaupalais.fr

Anis
　　这款复古小盒包装的糖果一直保持着其传统味道，自 1591 年以来未曾改变。共有 10 种口味，图片中的这款是紫罗兰口味。每种售价均为 2.90 欧元。

À l'Étoile d'Or

糖果名品店

精美复古的包装，巧克
力与牛轧糖的香甜，紧紧抓
住每一个客人的心。

Nougat Fouque
Fouque公司沿用自1864年以来的传统工艺制作的牛轧糖，每年只在蜂蜜收获的那三个月里制作。共有三种口味。115g售价7.20欧元起。

夹心巧克力
老板严格甄选巧克力供应商，对每一颗巧克力都精挑细选。从左至右分别是：Bouchon de Limoux、Bernachon（贝纳颂）的Le creole、黄香李夹心巧克力。100g售价12欧元。

焦糖糖块
这是Lapalisse（拉帕利斯市）的一家糖果店在1922年研制的一款糖果，名为Derites be la Palisse，共有咖啡、覆盆子等6种口味。在每一块糖果的包装纸上都印有经典的诗句。290g售价21欧元。

佛手柑糖
Nancy（南锡市）有名的糖果之一，内含佛手柑天然精华。老板觉得 Maison des Soeurs Macarons 公司生产的佛手柑糖最为正宗，因此向大家强烈推荐。150g售价14.90欧元。

Nantes（南特）地区有名的糖果
诞生于1902年的Rigolettes，有橙色、绿色、红色等各种颜色的糖果，非常招人喜爱。迷你装只有30g，售价4欧元。

在这家名为 Àl' Etoile d' Or 的店里，您能买到产自Lyon（里昂）的Bernachon（贝纳颂），来自Quiberon（基伯龙）的焦糖糖块。老板 Denise Acabo（德尼丝·阿卡博）经营这家小店已有41年，坚持只采购和出售自己认可的糖果、甜点。因此，在巴黎一说起糖果店，这家店便是堪称最出色的一家。Denise Acabo 至今仍梳着发辫、身穿蓝色毛衣和苏格兰裙子迎接着每一位到店的顾客。复古设计的店堂，从地方百年老店采购的包装精美的巧克力、牛轧糖，一切都仿佛能令时间停止。即便是印有 19 世纪插图的包装盒也能让人拥有一份美好的旅途回忆。因此，如果您想了解巴黎糖果甜品的历史、搜寻一份好礼物的话，那么就请拜访 Denise Acabo 吧！

放假时，Denise 的两个孙女会到店里来帮忙。

焦糖糖果

很多客人来此就是为了这款来自 Quiberon（基伯龙）的焦糖糖块。除了大家熟知的淡盐黄油焦糖，还有香橙、姜、朗姆果汁等口味的焦糖。100g 售价 7.50 欧元。

Calisson 最初出现在中世纪教会，纪念在黑病中死去的人们的弥撒中。Denise 说，最正宗的 Calissoun 要由杏仁和产自普罗旺斯地区的甜瓜制作而成。Bremond 公司至今仍保持传统制作工艺，生产最正宗的 Calissoun。一盒 4 个，售价 3.95 欧元。

苹果糖

这是 Normandie（诺曼底）大区 Rouen（鲁昂）地区有名的糖果。早在 16 世纪时，当地就已经开始制作这种内含苹果精华和柠檬果汁的长条形糖果。根据糖果的大小，售价分别为 5 欧元和 2.5 欧元。

不仅是店铺的设计，就连张贴的宣传画也带有明显的复古色彩。40 年过去了，这里依然保持着旧日氛围。

A 30, rue Pierre Fontaine 75009 Paris
T 01 48 74 59 55
O 星期一 15:00 ～ 19:30
  星期二～星期六 11:00 ～ 19:30
  星期日休息
M Blanche

La Grande Epicerie de Paris

巴黎甜品的时尚风向标

Petie Ourson

这款小熊造型的果汁软糖外面还包裹了一层巧克力。自问世以来，45年间一直秉持传统味道，令人怀念。图中包装为限量版，盒盖上有一对情侣小熊，还搭配了可爱的红心与花朵。爱情的甜蜜，怎能错过？盒内共有36块软糖，售价为 28.50 欧元。

印有埃菲尔铁塔的方糖

这是一款最近在巴黎颇有人气的方糖。如果您想挑选一份小礼物带回去送给朋友，这倒是一个很好的选择。埃菲尔铁塔早已成为巴黎的象征，而这款方糖又很好地诠释了埃菲尔在巴黎人心中的地位。每盒150g，售价 6.90 欧元。

巴黎风格的饼干

这些造型可爱的饼干，取材于巴黎的地铁、店铺等，外面还包裹着浓浓的巧克力和砂糖，味道更是好极了！9.90 欧元。

Chapon 的咸味软糖

Chapon 的糖果甜品不仅美味，包装设计更是兼具复古与可爱。在这里，您也能买到 Chapon 的巧克力、糖果等。上图为半球形干果软糖，里面有盐和开心果。这种盐来自法国有名的 Guérande 盐田（Guérande 盐田地处法国西部，比邻大西洋，属于罗亚尔河大区（Pays de la Loire）的大西洋罗亚尔省（Loire Atlantique）。80g 售价 9.30 欧元。

迷你巧克力板

这款由 7 块小巧克力组合成的巧克力板，其吸引人的地方不仅仅在于它的美味，还有它复古的插图设计。7 块小巧克力分别是 3 块牛奶巧克力和 4 块果巧克力，正好够一个星期满满享用。售价 6 欧元。

插图设计引起话题

这款巧克力的插图出自著名设计师 Marie Bouvero 之手，依然是复古风格，却大受好评，甚至引起女性时尚杂志的关注。每一季都会有新作推出。每块售价 7.80 欧元。

玻玛榭百货商场（Le Bon Marché）是巴黎高级百货商场之一，位于塞纳河左岸，其地下美食馆也颇具特色。每当优雅的巴黎女生想挑选高级食材时，都会造访此地。La Grande Epicerie de Paris 拥有自己的西点师团队，制作的各种甜品美食深受好评。在这里，各种精挑细选的甜品糖果也很有时尚气质。无论是造型可爱的饼干、巧克力，还是与著名设计师联袂倾情奉献的作品，都令人心然怦动，充分满足左岸时尚女孩儿的需要。

A 38, rue de Sèvres 75007 Paris
T 01 44 39 81 00
O 8:30 ~ 21:00 星期日休息
M Sèvres-Babylone
U www.lagrandeepicerie.fr

Les Paris Gourmands

传统美食的时尚变身

杏仁糕
Maison Francis Miot 的 Le Poison，共有苹果、黑加仑、草莓等7种口味。小小的盒子里装满了圆圆的杏仁糕，只需14.50 欧元。

蝴蝶、纽扣、花朵……即便是普通的方糖也能实现华丽转身。每小盒 35g，售价 7.50 欧元。

Aix 的 Calissoun

Aix（艾克斯，位于普罗旺斯地区）的传统美食 Calissoun 最新推出黄香李、紫罗兰等口味，传统美食实现时尚演绎。一盒售价 11.90 欧元。

"爱心"果酱

这款名为"爱心"的果酱不仅名字甜蜜，包装也很有特色。里面的水果有杏、芒果、西番莲和水蜜桃，更添加了有名的法国香槟。每瓶含量360g，售价 7.50 欧元。

Fleurs de Nougar
这款牛轧糖与Aix的Calissoun一样，都是来自法国南部地区的知名美食。每盒里面有茉莉、玫瑰、薰衣草、紫罗兰和橙花5种口味的牛轧糖。如果能收到这样一份礼物，是不是会很开心？每盒售价15.70欧元。

全新口味的 Calissoun、杏仁糕，造型可爱的方糖……位于马来地区的这家小店里汇集了众多通过现代风格演绎的传统美食和手工制作的糕点。店主姐妹是一对土生土长的巴黎人，她们让传统的味道具有了巴黎的时尚，把这家小店打造成一座礼品宝库。姐妹俩亲手制作的巧克力和马卡龙也很美味，值得一试！

A 15, rue des Archives
  75004 Paris
T 01 42 78 60 14
O 星期一～星期六 10：00～19：30
  星期日 14：00～19：00 全年无休
M Hôtel de Ville
U www.lesparisgourmands.com

Galeries Lafayette Gourmet

正宗的巴黎礼物

青木定治的Bonbo maquillage
这款名为Bonbo maquillage
的巧克力色彩艳丽，共有17种口
味。一盒有6个，售价0欧元。

彩色马卡龙
巧克力马卡龙，顾名思义，
精致的马卡龙外面包裹了一层
浓郁的巧克力。鲜艳的颜色、
新鲜的味觉体验，都让它大获
好评。每盒4个，售价10.20
欧元。

巧克力埃菲尔塔
埃菲尔铁塔，巴黎的象征。
这款巧克力造型简洁，却逼真
形象，让人实在舍不得下口。
每座巧克力埃菲尔塔重50g，
售价9.90欧元。

PIERROT COURMAND
诞生于1892年、在法国
人尽皆知的棒棒糖 PIERROT
COURMAND，共有橙子、覆盆
子、柠檬、樱桃四种口味。每盒
内装12个，售价2.43欧元。

大号 PETIT BEURRU
法国"时装女皇"Lolita
Lempicka 与有机食品制造
商合作，将诞生于 19 世纪的
普通饼干 PETIT BEURRU 的
尺寸加大、变身成 CRAND
PETIT BEURRU，并用绘有
可爱猫咪图案的盒子包装。因
其非常适合作为礼物，故而大
受好评。7.95 欧元。

超有人气的 Petits sables
5年前，这款包装盒上印
有一头可爱小花牛的 Petits
sables 初次出现在人们面
前，它以其圆圆的造型、美
妙的味道而引起大家的关
注，也使曾经名不见经传的
Michel&Augusun 一跃成名。
售价 2.29 欧元起。

Galeries Lafayette Gourmet 是一家传统的百
货商场，共有时装、室内装饰、食品三大卖场。由于
很多顾客都是从海外慕名而来，因此，在这家百货商
场的美食馆能找到许多巴黎土特产。在袋装糕点柜台，
当然也有不少巴黎人的日常甜品茶点。此外，这里还
有 Dalloyau 和青木定治的专卖店和一些特色专柜。

A 40, boulevard Haussmann
   75009 Paris
T 01 42 82 34 56
O 8：30 ~ 21：30 星期日休息
M Chaussée d'Antin Lafayette
U www.galerieslafayette.com

Käramell

崇尚自然的瑞典糖果店

这家店糖果种类丰富,有 QQ 糖、口香糖、迷你果冻、果汁软糖、棉花糖等等,因其崇尚自然与健康而受到妈妈们的好评。看着孩子们品尝着每一颗糖果时的认真表情,真让人忍俊不禁。午休时刻,来这里购物的则主要是年轻的巴黎女孩儿们。称量销售,100g 售价 1.89 欧元。

Rose
小学生

Käramell 位于巴黎 9 区的繁华商业街 Martyrs,每天一到下午 4 点半左右,这家瑞典风格的糖果店就拥来大批小顾客。这些可爱的小学生们纷纷拿着自己的零用钱来这里挑选自己喜欢的小糖果。老板 Lena 说,在她的祖国瑞典,政府对食品安全的要求非常高,不仅要控制添加剂的使用,还要控制甜度。

这家店采用称量购买的方式,因此您可以只花一点钱,少量、随意搭配购买自己喜欢的糖果,就能尽享美味。小学生 Rose 正在央求妈妈给她买一些樱桃和红心造型的 QQ 糖和柠檬形状的口香糖。在这里,您能看到孩子们可爱的笑脸,听到他们欢欣雀跃的笑声!

A 15, rue des Martyrs 75009 Paris
T 01 53 21 91 77
O 星期二 ~ 星期六 11:00 ~ 20:00、星期日 10:30 ~ 19:00、星期一休息
M Notre-Dame de Lorette
U www.karamell.fr

Les secrets
LADURÉE
Paris

Les secrets LADURÉE Paris

Ladurée 最新推出
色彩缤纷、设计可爱的文具饰品！

以制作甜品美食而闻名于世的 Ladurée 现在也开始涉足时尚小物的设计，最新推出 Ladurée 系列笔记本、贺卡、贴画等。这些时尚小物或采用 Ladurée 的标志性皇冠，或使用粉色的小花，更或者是 Ladurée 家族的小动物们。下面，我们就向您介绍其中几款代表作品。

Cahiers

这一系列的笔记本作为人气甜品 Ispahan 的赠品而推出，更有限量版设计。

A5／¥2,940 日元（含税）·A6／¥2,520 日元（含税）

Masking Tapes

与马卡龙颜色一样的胶带，连包装也与甜点的包装一样，非常适合当小礼品送礼用。

¥1,575 日元（含税）

这款钥匙扣上有 Ladurée 的标志、Ladurée 三款经典的马卡龙和埃菲尔铁塔，时尚可爱。

¥2,730 日元（含税）

Editions de Paris 编著的已刊图书好评如潮！

欲购者可到附近的书店购买，亦可在当当网、京东商城、卓越网等购物网站下单。

巴黎·家的私设计
Editions de Paris 编著 35.00 元

巴黎人爱惜那些有着本来面目的旧物品，他们从跳蚤市场或者古董市集里买回来的家具或材料，甚至在路上捡到的东西，只要加上自己的想法和点缀，家中便有了许多"原创的室内装饰"。

本书是一本展示巴黎人内心对自己空间的执著、为家里物品加上故事性、带来不少感性色彩的书，旨在能使您看重自己的居住场所，热爱自己的家。

巴黎·家的私设计 2
Editions de Paris 编著 35.00 元

从现代时尚的设计空间，到满是手作家具的公寓，巴黎人与室内饰品的关系，完全就是一段恋爱故事。

欢迎光临 20 位巴黎创意人的甜蜜小家！

荷兰·家的私设计
Editions de Paris 编著 35.00 元

在荷兰，人们享受着悠闲的日常生活。在各自的家中，充满故事性及温暖的家具与杂货用品自然地融合在一起。

本书为您介绍 12 个愉快的室内设计，除富有个人特色之外，还搭配"玩乐心"的作料。欢迎进入荷兰私设计的世界！

北欧·家的私设计
Editions de Paris 编著 35.00 元

对于住在北欧斯德哥尔摩得度过漫长寒冬的人们来说，任何地方都比不上温暖的家。那也是一辈子待的最长久的地方。他们珍惜对待传承于父母、祖父母的家具，妥善利用二手物品，在周末投入墙面的粉刷与地板更新的时光等等，也喜欢 DIY 给私家设计增添的风格色彩。

巴黎女人·饰品私设计
Editions de Paris 编著 35.00 元

该书从"巴黎女人的热门饰品""巴黎女人的饰品风格""巴黎女人教你做手工饰品""探访巴黎饰品设计师的工作间""巴黎最新饰品商店指南"等五个方面向读者介绍了巴黎女人总是如此光彩夺目、如此迷人的秘密。

书中详细介绍了 9 位巴黎漂亮女人在日常、工作、派对、约会等不同场合下的不同装扮和搭配饰品。这些实例，对中国的女性读者非常有借鉴价值。

巴黎女生·包包私设计
Editions de Paris 编著 35.00 元

完全公开巴黎女人包包内的私密空间！

巴黎女人重视自我风格胜过一切。她们对包包非常挑剔。古典优雅、鲜艳印花、质感皮革、个性设计、天然材料，每个人坚持的方向不尽相同。自己改装也很有趣，卷上一条丝巾，别上几个徽章，巴黎派就是要享受"独一无二"。

巴黎漂亮女生的秘密
Editions de Paris 编著 35.00 元

最重要的是健康的生活——"爱"是最好的化妆品，追求天然与精神之美、纯素食的 100% 有机生活，钟爱彩妆的巴黎女人披露美丽秘诀，均衡的饮食生活是美丽的秘诀，有张有弛——美丽的秘诀，巴黎姐妹真实的美容生活，喜欢充满原创意的化妆品，坚持合理运动与有机生活的达人。

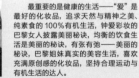

巴黎漂亮女人的秘密
Editions de Paris 编著 35.00 元

在这本书中，详尽介绍巴黎上班族女人的美丽生活。从今天起，马上可以学着做的肌肤保养、运动、料理等，让巴黎女人变漂亮的各式秘籍在本书中大公开。巴黎女人不论在工作室还是私人生活中，都美丽且容光焕发，来瞧瞧巴黎女人美丽的秘密吧！

巴黎女生的房间

Editions de Paris 编著 35.00 元

　　本书介绍的 14 位巴黎女生的房间。她们按照自己的意愿生活，尽情享受着每一天。书中的每个室内装饰方案都充满了少女气息，可爱的小物件到处都是！"这是人一生中所处时间最长的房间，必须是自己最喜欢的地方。"

伦敦女生的房间

Editions de Paris 编著 35.00 元

　　伦敦市内及市郊的 12 位设计女生的居家装饰风格大公开！

　　每一个独一无二的女孩装饰风格案例，都将告诉你如何利用个性杂货、装饰品、色彩及整体组合来表现女孩装饰风格。

巴黎手作创意人

Editions de Paris 编著 35.00 元

　　欢迎大家一起进入活泼生动、色彩缤纷的世界，体验巴黎创意设计师的生活形态及创作空间。

　　本书特邀每位受访设计师为本书设计出原创手作作品，并将作法步骤收录于书中！

　　咖啡厅、餐厅、设计精品店……书中同时收录巴黎最具创造力的设计师们爱逛的流行店面信息。

巴黎地铁杂货旅行

Editions de Paris 编著 35.00 元

　　不同于坊间一般介绍巴黎的书，本书撇开了通常旅游手册都会介绍的大景点，而着重于巴黎的创意店铺。希望那些对生活有美好憧憬的人可以在巴黎邂逅可爱的杂货世界。

　　本书正是以巴黎地铁的线路为经纬，串联起了巴黎的可爱杂货。

巴黎·私囊志

Editions de Paris 编著 35.00 元

　　本书从包包设计师的空间和巴黎女生日常使用的包包这两个视角出发，为您聚焦难得一见的巴黎女生的包包世界！

　　巴黎设计师示范原创包包的制作过程，带您一同领略巴黎设计师的美好世界！包包设计，展示巴黎女生爱漂亮的个性！

巴黎个性工作空间

Editions de Paris 编著 35.00 元

　　在巴黎，创意工作者的"办公室"则是一个完全不同的世界。在这个世界里，每一个办公室都是一个绚丽多彩的个性化空间。有的优雅，有的简约，有的则充满了艺术气息。每个个性空间都很舒适，都体现了企业的文化和灵魂。

巴黎·色彩魔法空间

Editions de Paris 编著 35.00 元

　　20 间色彩缤纷的巴黎之家处处洋溢着对人生和色彩的赞歌！

　　快走入这些充满个性的世界吧！在你每日的生活空间和心中的调色板上挥洒出属于自己的色彩……

巴黎·独立生活空间

Editions de Paris 编著 35.00 元

　　在巴黎，拥有独立生活空间真是一件听起来就让人觉得兴奋的事！快来参观一下这些创意人的室内设计吧！

图书在版编目（CIP）数据

巴黎·甜品果子店 / 日本 Editions de Paris 出版社编著；
孙萌萌译. —济南：山东人民出版社，2013.8
　ISBN 978-7-209-07181-9

　Ⅰ.①巴…　Ⅱ.①日…　②孙…　Ⅲ.①甜食—介绍—巴黎
Ⅳ.①TS972.134

中国版本图书馆CIP数据核字（2013）第083609号

Photos：Eriko Kaji
Coordination et Textes：Masae Takata
Coopération：Junko Takasaki
Design：Miho Sakato, Satomi Tokunaga
Rédaction：Takako Shimizu, Aï Suda
Rédactrice en chef：Yoshie Sakura
Editeur：Kazuhiko Takaghi

Japanese title：Parino okashiyasan meguri by Editions de Paris
Copyright © 2010 by Editions de Paris Inc.
Original Japanese edition
Published by Editions de Paris Inc., Japan
http://www.editionsdeparis.com
Chinese translation rights © 2010 by shandong People's Publishing House
Chinese translation rights arranged with Editions de Paris Inc., Japan

山东省版权局著作权合同登记号 图字：15－2010－094

责任编辑：王海涛　杨云云
项目完成：文化艺术编辑室

巴黎·甜品果子店
Editions de Paris 孙萌萌
_____

山东出版集团
山东人民出版社出版发行
社　　址　济南市胜利大街39号　邮政编码：250001
网　　址　http://www.sd-book.com.cn
发 行 部　（0531）82098027　82098028
新华书店经销
北京图文天地制版印刷有限公司印装

规　　格　32开（148mm×210mm）
印　　张　4
字　　数　40千字
版　　次　2013年8月第1版
印　　次　2013年8月第1次
书　　号　ISBN 978-7-209-07181-9
定　　价　35.00元
如有质量问题，请与印刷厂调换。010-84488980

※本书记载之内容讯息，为2009年12月之资讯。